升级版

够味儿

80道精选家常菜的大师课

罗生堂/著

北京科学技术出版社

图书在版编目（CIP）数据

够味儿：升级版 / 罗生堂著. —北京：北京科学技术出版社，2022.9（2024.3重印）
ISBN 978-7-5714-1172-5

Ⅰ.①够… Ⅱ.①罗… Ⅲ.①菜谱 Ⅳ.① TS972.12

中国版本图书馆 CIP 数据核字（2020）第 205067 号

策划编辑：李雪晖
责任编辑：付改兰
责任校对：贾　荣
图文制作：天露霖文化
责任印制：李　茗
出 版 人：曾庆宇
出版发行：北京科学技术出版社
社　　址：北京西直门南大街16号
邮政编码：100035
电　　话：0086-10-66135495（总编室）　0086-10-66113227（发行部）
网　　址：www.bkydw.cn
印　　刷：北京捷迅佳彩印刷有限公司
开　　本：787mm×1092mm　1/16
字　　数：393千字
印　　张：13
版　　次：2022年9月第1版
印　　次：2024年3月第3次印刷
ISBN 978-7-5714-1172-5

定　　价：69.00元

序言

　　从第 1 版《够味儿》发行到现在已经过了 8 个年头。承蒙亲爱的朋友们关怀，这本书从未在我们的视野中消失，一直呵护着我们至爱的厨房和家人，让我们的餐桌变得更为丰富多彩！为此我感到无比欣慰！它顽强的生命力源于出版社编辑超强的责任心和老罗对美食事无巨细的态度，当然，还有您犀利的眼光和对老罗的喜爱。在此特别感谢每一位钟情于这本书的朋友，是您让我有更大的动力去制作更多的美食菜谱。能够和大家一起体验制作美食过程中的喜怒哀乐，我感到无上光荣！

　　记得这本书刚出版没多久，编辑便告诉我有很多书友写给我的信，寄到了出版社。当时我觉得在这个互联网盛行的时代，明明是敲几下键盘便可解决的问题，竟然还有人能够静下心来用最原始的手写书信与我切磋，这是何足珍贵！这是对我最大的肯定，这个消息对我触动颇深，书友们是极可爱的！

　　时代在进步，一本有生命力的书也要跟上节奏。因此，我们把这本书重新规划了一番，新增了一些更家常的内容，还添了一整章关于如何安排家宴的内容。另外，图片和版式也做了一些调整，书更大了，看得更清楚了，设计也更美观了。总之，这一版整体看起来无论是内容的丰满度和版式的美观性，都比旧版有了很大的提升，希望朋友们在做菜之余也能捧起来阅读以打发闲暇时光，让它给您带来尽可能多的欢愉是出版社和本人的一致心愿！

　　最后，祝所有热爱厨房的老友们从这本书中找到快乐，找到温情，找到信心！那么，我便是最开心的人！

罗生堂

2022 年 8 月

目录

第一章 烹饪有道

"物无不堪吃，唯在火候，善均五味。"
〔唐〕段成式《酉阳杂俎·酒食》
准确掌握火候、挑选新鲜的原料、
熟练运用刀法、了解常用调料的作用——
领悟了这些"心法"，
你做菜的功力定会日益精进。

熟悉油温 控制火候

shú xī yóu wēn kòng zhì huǒ hou

认识世界是改造世界的前提，控制油温也是同样的道理。只有会观测油温，才谈得上熟练调控油温。本书中的菜肴烹制时大多需要过油（蒸菜、水煮菜例外），因此，下面将重点阐述如何观测油温以及不同原料在烹饪时所需的油温。

观测油温

油加热时能达到的最高温度约为 300℃。人们习惯用"成"表示油温，"一成热"指油温大约为 30℃，"两成热"指油温大约为 60℃，以此类推。家庭烹饪常用的有 3 种油温，分别是三四成热（100℃左右）、五六成热（150℃左右）和七八成热（220℃左右）。虽然现在有测油温的温度计，但在烹饪时使用势必会影响做菜的速度，进而影响成品的味道和口感，所以我还是推荐采用传统的方法观测油温。

传统上观测油温主要有看（油烟、油面波动情况）、听（油中的水分发出的声响）、触（感受油面的温度）以及试（将肉片或大葱放入油中）4 种方法。下面就来看一看加热至不同温度的油会呈现怎样的状态吧！

三四成热的油

看：油面比较平静。

听：有比较密集的噼啪声，因为油中有极少的水分。

触：将手掌放至离油面 5 厘米处，掌心感觉微热。

试：将一段大葱放入油中，其四周会泛起很多小油泡（右上图）。如果放入的是肉片，则肉片会立刻沉至锅底（右中图），之后会缓慢地浮上来。

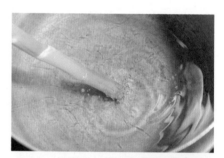

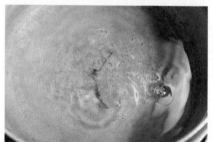

Q：为什么用来试油温的肉片会先下沉再上浮？
A：在油温为三四成热或五六成热的时候，用来试油温的肉片会先下沉再上浮，因为随着油温升高，肉片会快速膨胀，体积增大，浮力增大。而在油温达到七八成热（及以上）时几乎就不会发生这种现象了。当然，如果倒进的是一盘肉，那么油温再高肉片也会有先下沉再上浮的过程。

五六成热的油

看：油面似动未动。

听：噼啪声减少，变得没有那么密集。

触：将手掌放至离油面 5 厘米处，掌心感觉较热。

试：将肉片放入油中，肉片会沉至锅底，其四周会泛起更多的小油泡（右下图），不过肉片很快会浮上来。

此油温可谓万能油温。如果你需要三四成热或者七八成热的油温，可由于判断失误，不小心在五六成热的时候将原料下锅了，将火关小些或者开大些或许还可以挽救。

七八成热的油

看：油面边缘微微向中间波动，油烟似有似无地冒出。

听：间隔很久才会发出一两声噼啪声，甚至没有噼啪声。

触：将手掌放至离油面 5 厘米处，掌心感觉很热。

试：放入肉片，肉片几乎不会沉下去，而且其四周会泛起很多油泡（右上图）。

九成热以上的油

　　油面会冒青烟（右下图），而且波动得比较厉害。这时千万别用手掌测试。烹饪时几乎不使用九成热以上的油。一方面，油的温度太高有起火的危险；另一方面，九成热以上的油中会产生毒素，对身体健康不利。

不同原料所需的油温

　　原料的性质、处理后的形状和大小以及是否上浆或挂糊等都会影响烹饪时所需的油温，其间的规律不可一概而论。下表就原料和油温给出了一个大致对应的分类，不过切忌生搬硬套，还需反复实践体会才能熟练掌握。

油温	适用的原料	举例	备注
三四成热	含水量高、口感脆嫩且处理得比较薄的原料	猪肝、鸡肉片、去壳的海鲜（如虾仁）	此油温可用于烹制内脏（主要是肝脏类原料）
五六成热	大多数原料	肉丝、肉片、肉丁等	此油温常用于肉类原料滑油
七八成热	挂糊后的原料	适用于制作抓炒鱼片（第 104 页）、软炸虾仁、香酥鸡、锅包肉等	此油温主要用于炸制，使原料表面快速上色和定形

没有一成不变的火力

　　火力对烹饪的影响非常大。适于家庭烹饪的灶具火力通常比较小，所以炒菜时大多数时间需要将火力开到最大，但有些情况下需要调整火力。下面将列举几种常见的需要调整火力的情况。中餐菜肴的品种太过丰富，而且还存在别的需要调整火力的情况，所以唯有在做每一道菜时细细体会，才能逐步学会控制火候。

什么时候需要将火力调小？

▶ 煸炒酱料（如豆瓣酱、泡椒或豆豉酱等）时。煸炒酱料时原料的香气需要一定的时间才能释放出来，所以只有用小火慢煸（图 ❶）酱料才不会在短时间内煳掉。相比之下，因为葱、姜、蒜等很容易炒香，炝锅时直接用大火即可。

▶ 炖肉、煲汤时。同理，为了让调料的香味充分渗入大块的固体原料内，也需要用小火慢炖，使汤保持略微沸腾的状态（图 ❷）即可。

　　已经将火力调到最小了，但汤依旧沸腾得很厉害（图 ❸），这样的话汤汁很快会炖干。此时有两种措施可供选择，一是用铁锅架之类的东西将锅垫高，使其离火远一点儿，能使汤保持略微沸腾即可；二是可以将锅揭开一点儿缝隙，使锅中的温度降下来，这样也可以让汤保持略微沸腾的状态，不过这样炖出的汤汁会稍微少一点儿。

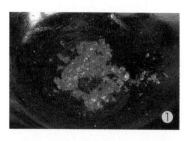

火力的预先调整

　　家庭烹饪中，有时需要先行一步调整火力。例如，你正在用小火煸炒酱料，待炒出香味后需要用大火炒主料。一般的做法是先将主料放入锅中，然后转大火翻炒，但是家庭烹饪使用的灶具火力较小，即使将火力开到最大，锅内温度也很难马上升高，所以最好在酱料快炒好时就将火力开大。这样酱料刚刚够火候，锅内温度也已经升高了，再放入主料翻炒，炒出的菜肴口感和香气俱佳。

如何判断火候是否到位？

　　每次烹饪都是一次艺术创造。烹饪过程中如果火候掌握不当，通常难以补救。因此只能通过成品的颜色、口感（菜是否脆嫩，肉是否入味、是否软烂等）来判断火候是否到位，从而吸取经验教训，待下一次尝试时加以改进。

肉类原料的挑选与处理
ròu lèi yuán liào de tiāo xuǎn yǔ chǔ lǐ

本节将就日常烹饪时比较常用、处理起来比较麻烦的肉类原料的挑选和处理方法进行详细的介绍。掌握了这些基础知识，大家处理肉类原料时便能游刃有余。

挑选与处理的原则

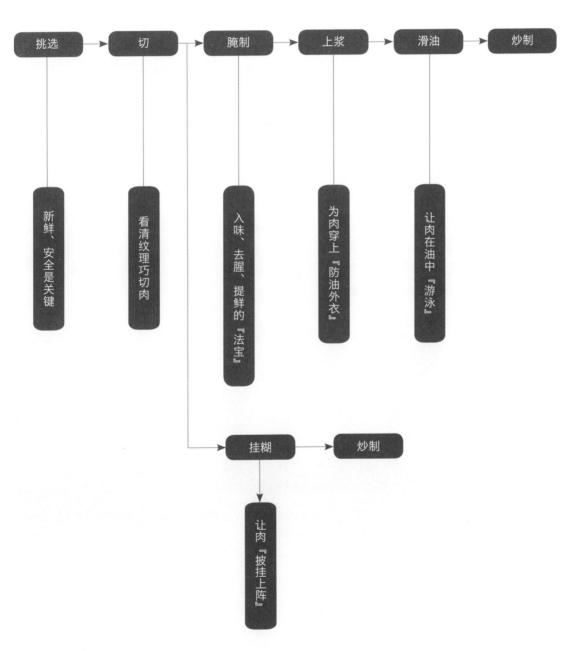

挑选 → 切 → 腌制 → 上浆 → 滑油 → 炒制

- 挑选：新鲜、安全是关键
- 切：看清纹理巧切肉
- 腌制：入味、去腥、提鲜的『法宝』
- 上浆：为肉穿上『防油外衣』
- 滑油：让肉在油中『游泳』

挂糊 → 炒制
- 挂糊：让肉『披挂上阵』

壹

挑选——新鲜、安全是关键

挑选肉类原料时，最重要的是看它是否新鲜。鸡鸭类尽量买冰鲜的，如能买到刚宰杀的更好。水产类鲜活的最佳，冰鲜的次之。猪肉、牛肉和羊肉等可以按照以下方法挑选：

一看：新鲜的肉颜色比较鲜艳，不新鲜的肉颜色比较暗沉。此外，颜色和肉质也有关联：猪肉、牛肉和羊肉三者中，羊肉肉质最嫩，猪肉居中，牛肉最老；羊肉颜色相对最浅，呈粉红色，猪肉呈浅红色，牛肉颜色最深。

如果一块肉颜色很深，呈暗红色，甚至有点儿发紫，说明这块肉快要腐烂变质了；如果一块肉的颜色过浅，则很可能是注水肉，切勿选购。

遇到颜色很深的"羊肉"时一定要警惕，店家很可能在"挂羊头卖狗肉"。人们宰杀狗的时候很少放血，因而狗肉多呈暗紫色。另外，如果你能看到分割前的整块肉，就会发现这种"羊肉"块头小得多。

二摸：品质好的肉表面几乎没有水，只有一些油脂。如果肉表面水很多，就很可能是注过水的。

三按：用手指按瘦肉部分（右图），如果比较有弹性说明肉比较新鲜；如果按下去会形成坑且不容易恢复原状，说明肉放的时间可能有点儿长。

切——看清纹理巧切肉

肉多是有纹理的，切肉的刀法主要有顺刀（顺纹）切和顶刀（逆纹）切。顺刀切就是使刀刃顺着肉的纹理切（图❶），顶刀切就是使刀刃垂直于肉的纹理切（图❷）。顺刀切适合切丝，如果顶刀切丝，肉丝在炒的过程中很容易断掉而变成肉末。顶刀切适合切片，肉片面积较大时顺刀切的话不容易嚼烂。

不同种类肉的切法具体见本节后半部分。

腌制——入味、去腥、提鲜的"法宝"

备少许盐、黄酒、淀粉等调料（图❶），倒入切好的肉丝或肉片中，抓匀（图❷），静置片刻（图❸）。这样不仅能给肉入一点儿底味，同时还能去腥并提鲜。

腌制时盐不宜多放，因为咸味主要源于后续炒制时的调味汁。

上浆——为肉穿上"防油外衣"

　　肉炒至细嫩爽滑（水分几乎未流失）的程度最佳。肉遇热时其纤维会收紧，而且一部分水分会流失，于是口感会变老。那么，怎样才能锁住水分不让其流失呢？答案是上浆——一种能锁水甚至能补水的方法。

基本方法：备适量冷水、淀粉及蛋清（图❶），往淀粉中分次加入冷水并搅匀（图❷），制成水淀粉（图❸）。最后在肉中加入水淀粉及蛋清抓匀（图❹❺）即可。

作用解析：水淀粉可以在肉的表面形成保护层，锁住其中的水分；蛋清除了充当保护膜外，还可以使滑过油的肉洁白爽滑、口感更佳。

　　上过蛋清浆的原料在滑油或炒制过程中容易粘锅，因此需要事先对锅进行防粘处理（方法见第 8 页）。

效果对比：上浆时仅需使肉的表面形成薄薄的一层保护层。上完浆依旧可以看到肉的本色表明上浆基本合格。如果淀粉放得太多，肉就会完全被白色的淀粉包裹，这样做出的菜会黏糊糊的。

不同种类肉的上浆方法具体见本节后半部分。

　　淀粉和水按怎样的比例调配？

　　我常被问到此问题。有些菜谱会给出淀粉和水的调配比例，但由于肉的品质、用量及淀粉的品质等不尽相同，量化反而不利于调出最合适的水淀粉。我建议大家从经验（尤其是失败）中摸索答案。

滑油——让肉在油中"游泳"

　　上过浆的肉通常需要进行滑油处理。什么是"滑油"呢？"油"指食用油，"滑"指用较大量的温油把原料烹熟。"较大量"所指的量以能没过将要投放的原料为准，而"温油"指的是三至六成热的油。形象地说，就是让肉在温油中"游泳"，目的是使肉保持细嫩的口感，同时去除肉中多余的水分，以免水分在炒制时渗出。

注意事项：

▶ 油量以没过肉为准。

▶ 一定要掌握好油温。如果油温太低，肉放下去几乎没有动静，表面的浆也容易脱落，这样就起不到锁水的作用了；如果油温太高，滑肉就会变成炸肉，浆上得再好水分也会流失，这样肉就会变老。通常而言，五六成热的油比较合适。有些原料则可能需要用三四成热的油，比如肝类原料（详见第 67 页熘肝尖做法的步骤 4）。

▶ 家中炉灶火力较小，锅具也小，滑油时不宜放太多油，可以适当地让油温高半成左右，因为原料一下锅油温很快就会降低，油温如果太低容易脱浆。滑油的火候需要多次实践揣摩才能掌握。

效果对比：以鸡丁为例，请看右面的对比图。

上图中的鸡丁未经滑油直接下锅炒制，鸡丁中的水分大部分都流失了。由于家庭烹饪时火力不够大，长时间的炒制使鸡丁的口感变老了。

相反，下图中滑过油的鸡丁则完全不同。滑油有助于鸡丁保持鲜嫩，而且滑油相当于对鸡丁进行了前期加工，这样后期炒制需要的时间就会比较短。滑过油的鸡丁口感细嫩，完全不同于直接炒制的鸡丁。

烹制菜肴切不可图省事，否则往往以失败收尾。

挂糊——让肉"披挂上阵"

炸制前挂糊可以使肉的表面形成一层外壳，有助于锁住水分，从而使肉具有特别的风味和口感，或酥脆，或软嫩。炸制好的肉可进行再加工，也可直接食用。例如，烹制抓炒鱼片（第104页）时需要在鱼片表面裹一层厚厚的糊，然后用热油炸，最后用调好的汁快速翻炒均匀，成品口感非常酥嫩。烹制软炸虾仁时也需要在虾仁表面裹一层厚厚的糊，用热油炸好即可直接食用，口感软嫩，风味独特。

和上浆不同的是，挂糊主要用于烹制需要炸制、然后裹汁或蘸食的菜肴，所以要求将糊调得浓稠一些，而且要裹得厚一些。挂过糊的肉应该看不到本色（上图）。糊太稀的话，不容易裹在肉上（下图），肉极易被炸老，而且会缺少应有的口感和风味。

诀窍与重点——巧防粘锅

炒肉片时肉片粘锅变成了"锅贴"，这种情况相信很多人都碰到过。此外，给上过蛋清浆的肉滑油时以及煎鱼时也很容易粘锅。下面我将教大家两种炒肉时防粘锅的方法，并独家传授煎鱼时防粘锅的诀窍。

将锅彻底洗净

锅用久了内壁容易残留顽固污渍，这些污渍不但容易导致粘锅，还会使菜品（尤其是不放酱油清炒的菜品）粘上小黑点，非常影响美观。

解决办法：将锅放到火上烧至污渍处冒烟发白，然后用凉水冲洗，待降温后用钢丝球擦洗（上图）便可彻底清洁。

千万不要在锅热的时候擦洗，容易烫伤。

【防粘方法一：姜块擦锅法】

1. 准备一块新鲜的姜，切开（下图），切面越大越好。

2. 锅中不放任何东西，烧得越热越好，最好到冒烟的程度。

3. 手持姜块，在热锅内壁上使劲擦（右图），将姜汁涂在内壁上。

4. 锅中倒油，向顺时针和逆时针两个方向多次溜油，使锅表面尽可能多地"吃"油，然后将油倒出。

　　用这种方法处理后，粘锅的概率非常小。此外，溜锅后静置的时间越长，粘锅的概率越小。

【防粘方法二：炒蛋擦锅法】

1. 准备一个鸡蛋，将其打散（图❶）。

2. 锅烧热，倒入油，然后倒入蛋液翻炒（图❷）。

　　要尽量使锅的内壁全部粘上炒过鸡蛋的油。

3. 将鸡蛋盛出。

　　用这种方法处理的锅炒任何东西（包括炒比较容易粘锅的米粉或者面条等）基本不会粘锅。缺点是成本稍高。

煎鱼时不粘锅的诀窍

　　先按照以上任意一种方法对锅进行防粘处理，然后遵循以下 3 条原则，煎鱼时粘锅的概率就会大大降低。

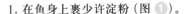

1. 在鱼身上裹少许淀粉（图❶）。

　　烧鱼时裹过淀粉的鱼烧到最后汤汁会变黏，此时需多晃动以免煳锅。

2. 煎鱼时油温要高一些，最好用八成热的油。这样能使鱼的表面很快定形（图❷），降低粘锅的概率。

3. 鱼入锅后不要急于翻动，先用大火热油煎一会儿，这样鱼的表面比较容易定形，鱼皮也不容易破碎和粘锅（图❸）。

壹

不同肉类的处理方法

猪肉、牛肉、羊肉的处理方法

　　想吃到口感细嫩的肉，首先要挑选最嫩的肉。猪、牛以及羊身上最细嫩的肉所处的部位差不多。首选为位于脊椎骨内侧的肉（里脊），其次为后腿肉。里脊水分含量高、纹理细，非常适合制作爆炒类菜肴。

　　爆炒类菜肴要求口感细嫩爽滑。烹制此类菜肴时，除了选用鲜嫩的里脊以外，还要通过上浆锁住肉

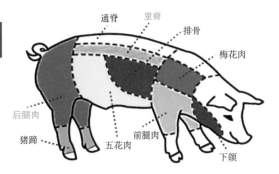

猪肉分割部位示意图

中的水分并给肉额外补充一些水分。这跟我们平时所说的用护肤品补水是同样的道理——水分多了皮肤自然就嫩了。

切丝、腌制及上浆（以猪肉为例）：肉丝一定要切得均匀。下面我将教大家几个诀窍，掌握了它们，即使没经过专业训练，你也可以切出均匀好看的肉丝。

【诀窍】

1. 挑选厚一些的肉块，要求纹理长 10 厘米左右。

　　纹理长度即切出的肉丝的长度。身份证约长 8.5 厘米，所以将肉丝切得比身份证长一些即可。

纹理长 10 厘米

2. 将肉块用保鲜膜包好，放进冰箱冷冻 2 ～ 3 小时。冻好的肉硬一些，比较容易切（注意不能冻得太硬）。

　　如果来不及冷冻，可以直接切，不过这样切出的肉可能没那么均匀好看。
　　包保鲜膜是为了锁水保鲜。低温下水分流失较少，如没有保鲜膜也可以不包。

3. 肉丝最好切得粗一些。因为肉丝受热会收缩，如果切得太短、太细，肉丝炒完后就会变成"蝌蚪"。

【步骤】

1. 切丝。先将里脊顶刀切成 0.5 厘米厚的片（图 ❶），再顺刀切成 0.5 厘米粗的丝（图 ❷），这样肉丝就算切好了（图 ❸）。

2. 腌制及上浆。加少许黄酒和盐将肉丝抓匀（图 ❹），然后将淀粉和冷水调成水淀粉（图 ❺），分次倒入肉丝中，朝同一方向搅拌，直至水分完全被吸收、肉表面有黏性（图 ❻）。最后可以加一点儿蛋清或淀粉将肉丝抓匀（图 ❼）。

　　注意：不能一下子把水淀粉全倒进去，那样不利于肉吸收水分。
　　怎样检测"水分是否完全被吸收"？拍一下碗中间的肉，如果周边的肉颤动了，说明肉已经"吃"足水分。等你对水的用量心中有数后，可以尝试预留一点儿水，不要让肉"吃"水太足，以防水分回吐。

1

2

3

4

5

6

7

切片、腌制及上浆（以牛肉为例）：顶刀切肉片。腌制及上浆方法与肉丝的基本相同。

此处以牛里脊为例。牛肉质地相对较老，切之前可以不放入冰箱冷冻（当然，冻一下会更好切）。

【步骤】

1. 切片。顶刀切片（图❶❷），厚度以 0.2 厘米左右（一元硬币的厚度）为佳。切完装盘（图❸）。

2. 腌制及上浆。放少许黄酒和盐略腌，然后调适量水淀粉并分次加到肉片中，朝同一方向搅拌直至肉片表面有黏性（图❹），最后加入少许全蛋液抓匀即可（图❺）。

为什么此处要使用全蛋液？

因为猪肉炒出来颜色白一点儿比较好，加蛋黄的话会影响色泽；而牛肉炒出来颜色红一点儿比较好，加了蛋黄会使肉的色泽更好，还能使肉质更嫩。当然，也可以只用蛋清。

如果短时间内不炒制，可以倒入少许食用油将肉片搅匀，以防水分回吐。这样处理过的肉滑油时很容易分开，而且口感嫩滑。

壹

鸡肉的处理方法

鸡胸肉: 鸡胸肉非常细嫩, 其切法、腌制方法及上浆方法与猪肉、牛肉、羊肉的类似, 即先切丁或切片, 然后用少许黄酒和盐腌一下, 最后加少许水淀粉抓匀 (第10～11页)。

处理鸡胸肉时需注意:

▶ 鸡胸肉非常细嫩, 炒制时对火候的要求很高, 火候稍微过一点肉就会变老。所以给鸡胸肉上浆时最后需额外加一些淀粉抓匀, 让保护层厚一些, 这样就可以降低鸡胸肉变老的概率。

▶ 如果想让鸡胸肉口感更嫩, 可以稍微多加一些水淀粉, 前提是肉仍能吸收水分。

鸡腿肉: 鸡腿肉很受大家欢迎, 但是要去除鸡腿骨却并不轻松。下面我将教大家如何干净利索地去除鸡腿骨及如何切鸡腿肉。

【步骤】

1. 顺着鸡腿骨用刀尖纵向划开鸡腿 (图 ❶❷)。

  刀一定要锋利, 尤其是刀尖。

2. 把鸡腿翻过来, 用刀背将关节敲断 (图 ❸)。

3. 左手翻起关节, 右手用刀按住大腿骨的末端, 左手使劲一撕, 肉和骨头几乎能完全分开 (图 ❹)。

4. 用刀将骨肉仍旧相连的地方切断 (图 ❺)。

5. 检查"牙签骨"是否被剔除。"牙签骨"是位于鸡腿骨旁像牙签一样细的小骨头, 有时候并没有随着大腿骨一同被去除, 所以有必要检查一下。如发现鸡肉中有"牙签骨", 就要将其去除 (图 ❻), 否则食用时容易被扎到。

6. 鸡腿骨剔净后, 就可以开始切肉了。鸡腿肉带皮切起来比较费力, 所以最好用剁的方法。不管是切丁还是切条, 都可以用适当的力度一刀一刀地剁 (图 ❼), 但下刀需准确一些。

处理鸡腿肉时需注意:

▶ 鸡腿肉质地脆嫩, 不像鸡胸肉那样很容易变老, 腌的时候无须让其"吃"水, 用黄酒和盐略腌后, 放少许蛋清和淀粉抓匀即可。

虾仁的处理方法

一般而言，海产品（如虾、鱼等）肉质细嫩，水分充足。虾仁的处理方法并不复杂，上浆时不必让虾仁"吃"水，只需在表面裹薄薄的一层浆即可。需要注意的是后面的加工环节，要多观察，掌握好火候，谨防虾肉变老。

【步骤】

1.虾去头去壳洗净（图❶）。放少许淀粉揉搓一会儿后再次清洗，以去除虾仁表面的黑膜，让虾仁更透亮（图❷）。

2.用干布吸去虾仁表面的水分（图❸）。

　　这一步非常关键。如果虾仁表面没擦干，上完浆后就会黏糊糊的，放一段时间还会脱浆。这也是我腌虾时不喜欢放黄酒的原因。

3.用刀在虾仁的背部从头划到尾（图❹），取出虾线。

　　尽量划得深一些，如果划得太浅，虾卷曲的效果就不好（卷曲如球的虾仁又称"虾球"），但注意不要切断。

4.将少许蛋清和淀粉调匀备用（图❺）。用少许盐抓一下虾仁，然后倒入调好的蛋清糊，抓至表面有黏性（图❻）。

5.放入冰箱冷藏1小时左右，以使虾仁更脆。

诀窍与重点——使虾仁滑嫩的秘诀

大家在餐馆中可能吃到过口感非常滑嫩的虾仁，可是在家中做的虾仁却很少有这种口感。想使虾仁口感滑嫩，可以用碱水将其浸泡半小时左右，然后用清水冲洗干净，直至虾仁表面没有滑腻感，最后擦干水并上浆。碱和水的比例无须特别精确，一点一点地放碱，碱水触感稍滑即可，放太多对身体健康不利。如果不是特别追求口感，可以省略此步骤。市售的冰冻虾仁多用碱水泡过，口感较脆，不过不太建议选这种，因为其营养流失得太严重，而且这样的虾仁味道也不是很好，有些甚至会失去虾仁原本的味道。

鱼肉的处理方法

鱼肉肉质细嫩，水分充足。其腌制、上浆方法非常简单，不过片鱼片时需掌握一些技巧（以鲈鱼为例）。

【步骤】

1. 将鱼处理洗净，用刀从尾部平贴鱼脊骨片到鱼头根部，肚腩处的小刺直接切断即可（图 **1 2**）。

   片鱼片时可在刀上蘸点儿水，方便操作。

2. 从鱼头根部垂直切一刀，取下半面鱼肉（图 **3 4**），用相同的方法取下另一面的鱼肉。

3. 处理肚腩。用刀贴着有刺的部分斜片进去，顺着刺的走向将带刺的那块肚腩片下来（图 **5 6**）。

4. 净鱼肉一切为二，横过来，顺着鱼肉的斜面片成片即可，薄厚依个人喜好和要烹饪的菜肴的要求而定（图 **7 8**）。

   片烹制水煮鱼用的那种蝴蝶状鱼片时方法大体也是如此，只是鱼片需片得薄一些，而且要按照一连一断的方式下刀，第一刀不切断，第二刀再切断，这样片出的鱼片就会呈蝴蝶状。

   需要挂糊炸的鱼片应该片得厚一些，否则食用时会没有鱼肉味。

5. 片好的鱼片用少许盐和黄酒略腌，然后用少许蛋清和淀粉调糊，将鱼片抓至表面有黏性。

   腌鱼片时黄酒不可多放，否则会影响上浆的效果。

tiáo liào jiǎn jiè
调料简介

调味可谓对菜肴的味道影响最大的一个环节。在原料相差无几的情况下，每个家庭调味方法的千差万别造就了独一无二的"家的味道"。一道菜肴该使用哪些调料、该使用多少并无定论，但熟悉常用调料的品种及使用方法并掌握调味的基本原则，非常有助于大家做出可口的菜肴。

调料的品种和使用方法

- 酱油 -

酱油在我国是使用得最普遍的调料之一。酱油种类繁多，其中最常见的当属北方人惯用的黄豆酱油及南方人（尤其是广东人）惯用的生抽和老抽。

酱油的基本原料是大豆。黄豆酱油味道较咸，受热时会散发出醇厚的味道；生抽和老抽的味道则比较鲜美。生抽主要用于拌凉菜时提鲜，老抽含焦糖色，主要用于上色。

我个人一直遵循"什么菜系用什么调料"的原则，因而只有在做粤菜时才用生抽和老抽，在做鲁菜等时则通常用黄豆酱油。我认为这样才能更好地体现一道菜肴的风味。习惯混用的读者不妨尝试一下我的这种做法，说不定会有意外的惊喜。此外，比较常见的还有蒸鱼豉油——适用于烹调清蒸菜或白灼菜。

- 料酒 -

市售料酒是以 30% ~ 50% 的黄酒为原料，再加入一些香料和调料制成的烹饪专用酒。不过，在日常烹饪中，啤酒、白酒、黄酒等都可以用作料酒。同一道菜肴使用不同的酒烹饪出的味道有些许差别。我个人比较推荐绍兴黄酒，因为它纯度高，味道比一般的料酒好很多，去膻提香的作用更明显。炒菜时放了黄酒后一定要用大火将香味激出。炖肉时稍微多放一点儿黄酒能更好地提香，但不可太多，因为黄酒略苦，放太多苦味会转移到肉等原料中。

- 醋 -

醋属各大菜系中的传统调料。由于原料、工艺和饮食习惯不同，各地的醋口味有一定的差别。比较有名的有山西老陈醋、镇江香醋、四川保宁醋等。

- 糖 -

做菜时常用的糖有 3 种：绵白糖、砂糖和冰糖。其中绵白糖甜度最高，其次是冰糖和砂糖。家庭烹饪时最常用的是绵白糖，炖肉或者炒糖色时多用冰糖。砂糖在北方较少用到，在南方则用得多一些，尤其是在制作面点的时候。

- 辣椒酱 -

辣椒酱种类并不多，常用的有郫县豆瓣和剁碎的泡椒酱。

郫县豆瓣是经长时间发酵而成的，受热较长时间才能散发出香气，需要用小火慢煸。剁碎的泡椒酱无须过多炒制，因为泡椒属于泡菜，虽然也经历了发酵的过程，但是时间较短，烹饪时稍微炒几下香气就会散发出来。烹饪时不可将郫县豆瓣和泡椒酱互相替换。

壹

- 香料 -

几乎所有香料都可入药。家庭烹饪常用的香料有十几种。炒菜时常用到花椒、大料、桂皮、香叶等几种。熬制卤水或制作四川香辣油时用的种类稍多。不过餐馆熬制卤水则不然，动辄用到二三十种香料，而且需要遵循严格的调配比例，这是家庭烹饪很难做到的。

- 淀粉 -

种类：中餐用的淀粉种类很多，最常用的是土豆淀粉和玉米淀粉，有时也会用到红薯淀粉。一些特色菜需要用特殊的淀粉。

土豆淀粉常用于给原料上浆及炒菜时勾芡。品质好的土豆淀粉勾出的芡汁非常透亮，而且黏性很足，不会很快澥掉，从而使得菜肴色泽悦目且造型持久。玉米淀粉主要用于为需要炸制的原料挂糊等，比如做糖醋鱼时在鱼表面挂玉米淀粉糊可以炸制出焦脆的外壳。家庭烹饪最好常备土豆淀粉，玉米淀粉也可以稍微备一些。

选购的原则：淀粉的品牌很多。我选购时通常遵循一条原则——选最贵的。因为贵的产品通常而言质量比较好。

从右面两幅图可以很明显地看出优质淀粉（上图）和劣质淀粉（下图）勾出的芡汁的差异：它们不仅在美观度与持久度上有很大的差别，勾芡时需要的淀粉量也不一样。优质淀粉只需一勺便有出色的效果，而劣质淀粉因为黏性差，必须用两三勺才能让芡汁裹在原料上。

诀窍与重点——勾芡

勾芡——成菜前的收尾工序——在菜肴烹制中十分重要，其地位丝毫不逊于其他工序。芡汁既能给菜肴保温、使菜肴色泽更好，还能使菜肴的味道更好。

【步骤】

1. 在淀粉中加少许冷水搅匀，调成水淀粉（右图）。
2. 倒入锅中，与原料一同翻炒。

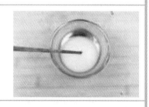

芡汁的黄金配比

想勾出漂亮的芡汁并不是简单的事。你需要把握好调芡汁用的冷水的量、淀粉的量以及锅中汤汁的量三者之间的比例。如果把握得不好，芡汁就会太稀或太稠，从而影响成品的品质。

怎样才能找到这个黄金配比呢？每个家庭使用的淀粉种类和品牌不一，因而无法给出一个精确的数值。最好的方法就是一直使用同种品牌的淀粉并在实践中不断揣摩，从而逐渐掌握黄金配比。

除了掌握黄金配比外，还有几个小诀窍可以帮助你勾出漂亮的芡汁：

1. 尽量分散倒入芡汁，否则淀粉非常容易结块。

2. 倒入芡汁后，快速翻炒，让原料均匀地裹上芡汁。如果没有把握，可以先倒一部分，翻炒一下，如果觉得稀，再倒点儿进去。不过这样做有可能使菜肴的口感打折扣，因为二次勾芡会延长炒制时间。

3. 调碗芡最考验勾芡技术，必须一次将淀粉加足。

　　调碗芡就是把各种调料一起放入碗中，然后放淀粉或水淀粉调匀，最后一起下锅成菜。烹制鱼香肉丝（第 32 页）、宫保鸡丁（第 36 页）等时都需要调碗芡。

4. 家庭烹饪时火力较小，勾芡时要尽量开大火，以保证芡汁能完美地包裹原料。

自制常用调料

自制辣椒油（红油）

　　辣椒油在烹饪中可以起到画龙点睛的作用，尤其是做凉菜或面食，比如做川菜中有名的蒜泥白肉（第 164 页）以及担担面（第 176 页）时。有时烹制热菜也会用到辣椒油，比如烹制宫保菜中首屈一指的宫保鸡丁（第 36 页）时。如果没有味道上佳的辣椒油，菜或面的味道就会逊色很多，也会缺失该有的风味。

　　虽然现在市面上有现成的辣椒油卖，但如果条件允许，建议自己制作，这样让人更放心。各地的辣椒油中以四川辣椒油最为有名，可谓一绝。四川辣椒油的制作方法比较复杂。它不是用一种辣椒做出来的，至少要用两种辣椒。二荆条辣椒是四川最好的辣椒，香气很足，是做辣椒油不可或缺的品种。用它制作的辣椒油颜色红亮，香气十足。但就制作辣椒油而言，这种辣椒的缺点是辣味不足，所以还需搭配一种或两种辣味较足的辣椒来弥补一下，其中比较常用的是干小米椒或朝天椒。下面我将教大家自制地道的四川辣椒油。

壹

【原料】

干二荆条辣椒 150 克（图❶），干小米椒 30 克（图❷），大红袍花椒 10 克（图❸），芝麻 30 克，紫草少许，盐少许，食用油 1000 克。

【做法】

1. 干二荆条辣椒和小米椒分别去蒂剪段，将辣椒籽单独盛出。先将两种辣椒分别小火煸炒至散发出香气，然后倒入辣椒籽翻炒，关火（图❹❺）。

将干辣椒煸炒一下有助于更好地散发香气，炒的时候可以放少许油，不过如果后面要用机器将辣椒打成粉，最好不放油。

辣椒籽很香，不要扔掉，但炒制时间不宜长，否则容易煳。

2.将炒好的辣椒放进搅拌机中打碎，倒入不锈钢盆中，然后放入花椒、芝麻、盐和紫草，搅匀（图❻❼❽）。

四川的传统做法是用工具将炒好的辣椒捣碎，这比用机器打碎的味道好，但是捣起来较麻烦。如果家里没有搅拌机，可以直接捣。

紫草是纯天然草药，对身体无害，放点儿紫草可以让辣椒油变得更红亮。放一小片紫草即可，放多了辣椒油会发紫。

放少许盐可以使辣椒油更香。

3.锅中倒油，烧至八成热，一点一点将热油泼入辣椒面中以激发出香气，其间要不停地搅拌。当锅中的油剩下一半时，将其冷却至五六成热，再将盆里烫过的辣椒面全部倒入锅中，将火开到最小，熬五分钟，关火，室温下静置一天（图❾❿）。

如果制作的辣椒油只是用来拌凉菜，可以不熬制，直接将锅中剩余的油倒入盆中搅匀即可。

要想让辣椒油更香，可以在油中放少许香料（如大料、草果、桂皮等）以及葱姜爆香以提味，然后捞出葱姜和香料。

四川人习惯用菜籽油做辣椒油。如果没有菜籽油，用其他常用的食用油也可以。

自制花椒面

与整粒的花椒相比，花椒面更为细腻。在家中自制花椒面非常简单：将干花椒放进锅中小火煸至颜色棕红，盛出，晾凉后捣碎即可（图❶❷）。

本书中用到花椒面的菜肴有麻婆豆腐（第50页）、怪味鸡丝（第162页）等。

糖色

　　糖色是烹饪中常用的一种着色剂，用途很多，可用于红烧、酱、卤等，红烧时最常用。通过炒糖色上色的红烧菜比单纯用酱油上色的表面要透亮得多，不仅色泽更鲜亮，味道也更醇厚。

　　炒糖色并不简单，需要一定的经验才可以炒出恰当的颜色。例如，如果需要让肉的颜色红一些（比如做红烧肉时，见第22页），就要将糖色炒得稍微深一些；如果需要让肉皮颜色黄亮（比如做黄焖鸡翅时，见第68页），就要缩短炒制时间；如果做拔丝菜，糖色炒至呈浅黄色即可……另外，糖的品种也会影响糖色的颜色和口感。用冰糖炒出的糖色比用白糖炒出的更鲜亮，但是甜度较低，选用哪种糖要依菜品的需求而定。

　　炒糖色的方法有好几种，常用的有干炒法、水炒法、油炒法和水油炒法。水有助于糖快速溶解，油有助于糖快速焦化。炒制需要的时间越长越有利于控制颜色。以上4种方法各有优劣，炒制所需时间也有些许差异（但也不过在几秒之间），大家可以随个人喜好选择。注意：用冰糖炒糖色时建议选水炒法或水油炒法，因为冰糖不易溶解，加水可以使其更快溶解。

方法	糖化开的速度	糖焦化的速度	颜色控制	备注
干炒法	慢	慢	最难	不放油也不放水
水炒法	快	慢	最容易	
油炒法	较慢	快	较难	
水油炒法	快	快	较容易	为防止迸溅，少放油，多放水

【示例：水炒法（用冰糖）】

1.锅中放少许水，放入冰糖，中火烧开后转小火（图❶）。

　　水无须多放，因为其主要作用是使冰糖溶解。

2.冰糖溶解后继续小火慢炒，直至锅中泛起大气泡。之后气泡越来越小，最后变成细密的小泡沫（图❷❸）。

3.继续炒至糖汁呈浅黄色（图❹）。如果做拔丝菜，此时可关火。

4.继续炒至糖汁呈焦黄色（图❺）。要想让炖出的肉皮色泽黄亮，此时即可关火。

5.关火，利用余温将糖色炒至呈紫红色（图❻）。这种糖色适宜做红烧肉。

　　炒到此种程度就不宜再炒了，否则糖色会被炒黑或炒煳。

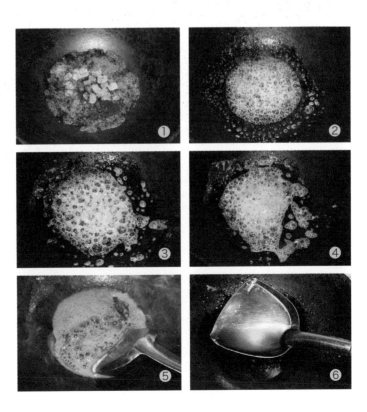

第二章 浓香四溢

有一种味道你一旦闻到就拔不动腿，

这也许是儿时记忆中的味道，

也许是种全新的感觉，

也许是苦觅后的惊喜，

抑或是日日接触但又永不厌烦的家常味道。

总之，让人食欲大开的就是它。

本章中的菜品皆是经典中的经典。

小心翼翼且努力地把这些菜做好，

让自己的厨艺不断精进吧。

红烧肉

肉香深处即是家

红烧肉，在我儿时代表着过年，在现在代表着温馨。那红红的颜色代表着温暖，代表着家和亲人，能够唤起游子的思乡之情。每家每户制作的红烧肉各不相同，但都非带好吃。你家的、我家的，拿出来比一比吧！找个时间开一次红烧肉派对吧！

做法

1. 葱切段，姜切片。鸡蛋煮熟、去壳，用小刀在每个蛋上划两刀。

2. 五花肉刮毛洗净，切成 2.5 厘米见方的块。锅烧热，倒入少许油，放入五花肉用中火慢煸（图❶）至肉熟透、出油（图❷），将油倒出。

◎ 肉块别切得太小，因为炖好后会缩小，吃起来不过瘾而且容易炖烂。

◎ 煸肉块前要对锅进行防粘处理（方法见第 8 页）。煸炒的目的是去除一部分油脂，否则肉吃起来会太油腻。

3. 锅中放少许水和冰糖，中火烧开（图❸），小火慢炒（图❹）。炒至大泡变成小泡、糖色呈棕红色（图❺）。

◎ 冰糖和水要用中火烧开，然后用小火慢炒，其间要不停地搅动。

4. 放入煸好的五花肉、大料、桂皮、葱段和姜片，大火迅速翻炒，使每一块肉都裹上糖色（图❻）。放入黄酒和酱油翻炒均匀（图❼），沿着锅边加开水，水面和肉持平（图❽）。盖上锅盖，大火烧开后转小火慢炖，1 小时后放盐和水煮蛋，炖 40 分钟出锅（图❾）。

◎ 提前将大料、桂皮、葱段、姜片和肉放在一起，一次性放入锅中和糖色一起炒。翻炒的时间不宜长，否则糖色会煳并发苦，肉上色后即可加开水。开水要沿着锅边加，注意不要把肉表面的糖色冲掉。

◎ 盐等 1 小时后再放，放得太早肉不易熟。放盐和水煮蛋时可以掀开锅盖，其他时间不要掀开，否则香味会跑掉。要想使红烧肉味道更浓郁、色泽更漂亮，可以将水煮蛋取出，大火收汁。

主料	
五花肉	1000 克
鸡蛋	5 个

调料	
酱油	30 克
冰糖	30 克
盐	10 克
黄酒	20 克
大料	5 个
桂皮	1 小块
葱、姜	适量

贰

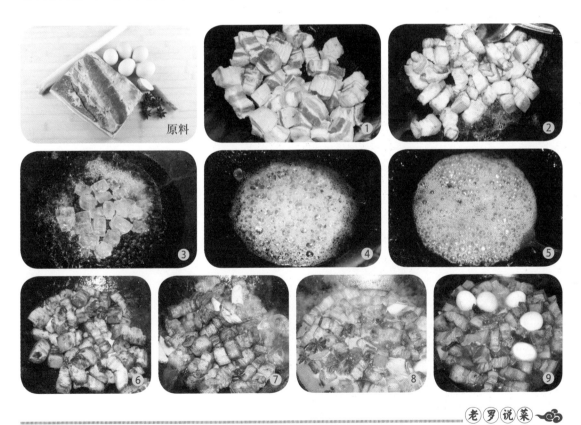

原料　①　②　③　④　⑤　⑥　⑦　⑧　⑨

老罗说菜

鸡蛋——红烧肉的绝配

记得小时候姥姥每次做红烧肉时都会往里面放几个去壳的水煮蛋，放之前还要在蛋表面划两个小口，使炖肉的汤汁慢慢渗入。这样炖出的鸡蛋别有一番风味，放一夜后味道更好。

很多人，尤其是女孩子，喜欢酸酸甜甜的味道。糖醋里脊、糖醋排骨、番茄肉片等都很受她们的欢迎。可能是因为吃甜的东西会让人心情愉悦吧。当一口滑溜溜、甜丝丝的美味放进嘴里时，她们会一心一意地感受味蕾之间的香气是否和谐，那种满足感足以让她们陶醉。吃完后，一切不如意和烦恼都会被抛到九霄云外。

糖醋排骨

两种方法做糖醋菜

主料

排骨	1000 克

调料

冰糖	20 克
白糖	20 克
米醋	40 克
酱油	15 克
黄酒	30 克
大料	3 个
桂皮	1 小块
盐、葱、姜	适量

Tip

 最好选用纯肋排。

原料

1

2

3

4

5

6

7

8

9

10

11

12

1. 排骨剁成 6 厘米长的段 (图 ❶)。葱切段, 姜切片。

2. 锅烧热, 倒少许水, 放入冰糖小火慢炒 (图 ❷), 炒至呈焦黄色并有烟冒出 (图 ❸), 关火炒至呈紫红色 (图 ❹), 倒少许开水将糖色调匀后倒入碗中备用 (图 ❺)。

   ◎ 炒糖色时一定要用小火, 大火非常容易炒煳。用冰糖炒出来的糖色颜色更亮。

   ◎ 因为糖色的温度很高, 加开水时要注意防溅。

3. 锅洗净, 中火烧热, 倒少许油, 放入剁好的排骨 (图 ❻) 煸炒 5 分钟 (图 ❼), 放入酱油、黄酒、葱段、姜片、大料和桂皮煸炒 2 分钟 (图 ❽), 再倒入糖色水, 放入盐, 然后沿锅边倒入开水, 水面和排骨持平 (图 ❾), 盖上锅盖小火炖 1 小时。

   ◎ 直接煸炒排骨有助于更好地锁住香气。

4. 待排骨颜色渐红后转中火炖 20 ~ 30 分钟, 待余下少许汤汁 (图 ❿) 时放入白糖和米醋 (图 ⓫), 翻炒至汤汁黏稠即可出锅 (图 ⓬)。

   ◎ 收汁时要不停地翻炒, 否则会粘锅。

   ◎ 最后放糖和醋可以使这道菜的糖醋味更浓郁。

   ◎ 用这种方法做的糖醋排骨软烂入味, 口感极好。

诀窍与重点

糖醋排骨的另一种做法

　　生排骨先用酱油、盐、黄酒、大料和桂皮腌 1 小时, 再上锅蒸透。取出晾凉后蘸鸡蛋液、裹淀粉, 然后放入热油中将表面炸焦。调好糖醋汁炒至浓稠后放入排骨翻炒均匀。用这种方法做的糖醋排骨外焦里嫩, 但也有糖醋的香气。喜欢哪种方法依个人口味而定。

火爆腰花

会吃者享其福

🐦 火爆腰花绝对属于家常菜。腰花风味独特，做法很多，火爆算比较家常的一种做法。虽然家里火力较小，爆出来的腰花不如餐馆的香气浓，不过还是值得一做。你不试试吗？

做法

1. 切腰花（方法详见图 ❶～❺）。
2. 冬笋切片，木耳去蒂、撕小块，泡椒去籽切段，葱切马耳朵段，姜、蒜切片（图 ❻）。

◎ 如果冬笋过季了，可以使用水发冬笋或其他食材（如莴笋等）。
◎ 马耳朵段就是斜切的像马耳朵一样的小段。这种切法适用于青蒜、葱等。如果斜切成片状就是马耳朵片。

主料	
鲜猪腰	400 克
鲜冬笋	50 克
水发木耳	适量

调料	
泡椒	15 克
酱油	15 克
黄酒	10 克
盐	2 克
白糖	5 克
胡椒粉、醋、香油	适量
葱、姜、蒜、淀粉	适量

3. 调碗芡。混合酱油、黄酒、盐、白糖、胡椒粉、醋、香油和淀粉并调匀（图 ⑦ ）。

4. 冬笋片和木耳焯水（图 ⑧ ）。

5. 锅烧热，倒油，油量要多些。腰花加少许黄酒、淀粉拌匀上浆，油烧至五成热时放入腰花滑熟，捞出控油（图 ⑨ ）。

　　◎ 一定要在即将滑油时给腰花上浆，而且不能放盐，否则腰花会出水。
　　◎ 腰花滑得稍微生一点儿也无妨，后面还要炒。

6. 将油倒出，留少许底油，放入泡椒中火煸炒 5 秒钟（图 ⑩ ），转大火放入葱段、姜片和蒜片爆香（图 ⑪ ），放入腰花、冬笋片和木耳块翻炒几下（图 ⑫ ），倒入调好的碗芡快速翻炒均匀，淋少许明油即可出锅（图 ⑬ ）。

　　◎ 翻炒时动作要快，火力要大，碗芡中淀粉的量要够，要使芡汁均匀地裹在腰花上且不结块。

诀窍与重点

处理猪腰的误区

　　猪腰有股臊味，烹制时可以适当地去除。有些人会将猪腰切开，然后用水浸泡几小时，有些人甚至将其切花刀后再浸泡几小时。这样做确实去除了臊味，不过猪腰吃起来全然没有了那种独特的味道。而且泡过水的猪腰水分含量很高，很难上浆，过油的时候油容易迸溅，因此处理猪腰不能太过。放一些黄酒腌一会儿，炒的时候再加入葱、姜、蒜等去异味的调料就完全没有问题了。

一口下去，先是满口酥脆，接着羊肉与香料融合而生的香气弥漫开来，最后少许汁水滋润了舌尖，略肥的羊肉在口腔中化开……香酥味十足、汁水四溢的羊排让你不得不惊叹：羊肉竟然可以做得如此味美，仅有的一丝膻味也变得如此诱人。

香酥羊排

解馋又滋补的香酥荤菜

主料

羊排	1000 克

调料

酱油	50 克
盐	20 克
黄酒	20 克
黄酱	15 克
葱段、姜片	适量
淀粉、自发粉	适量
孜然粉、辣椒面	适量

香料

大料	3 个
香叶	3 片
砂仁	2 个
白蔻	2 个
白芷	2 片
山柰	1 片
干辣椒	2 个
陈皮、小茴香	适量

Tips

- 羊排所带的羊腩部分可以一起烹制，也可以切下另作他用。
- 香料用纱布包好备用。

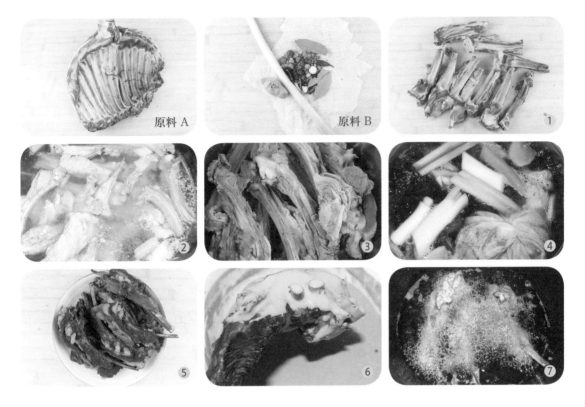

原料 A　　　　原料 B　　　　1

2　　　　3　　　　4

5　　　　6　　　　7

做法

1. 羊排洗净剔开（图❶），放入锅中后放冷水和少许葱段、姜片，大火煮开（图❷），撇去浮沫，捞出备用（图❸）。

   ◎ 羊肉味膻，冷水下锅更利于去除膻味。

2. 锅中重新倒热水，没过羊排即可，烧开后放入酱油、盐、黄酒、黄酱、葱段、姜片和香料（图❹），盖上锅盖小火卤 1.5 小时后捞出（图❺）。

   ◎ 卤制过程中尽量不要掀开锅盖，最好让水保持略微沸腾的状态。

   ◎ 卤制约1小时后看一下，卤好的羊排可以先捞出。

   ◎ 可以先将肉多的羊排卤半个小时，再放入肉少的羊排，这样羊排就可以同时熟了。

3. 调香酥糊。在大碗中放入等量的淀粉和自发粉，一点点加水调匀，调至可以挂在原料上后（图❻）放一点儿油，再次调匀。

   ◎ 使用自发粉和淀粉可以使炸出的羊排口感酥脆。放油也可以使羊排酥脆。

4. 锅烧热，倒油，油量要多些。羊排有肉的部位全蘸上香酥糊，油八成热时放入羊排炸，中火或大火皆可，炸至表面焦黄（图❼）即可捞出。

   ◎ 如果担心羊排上色太慢，可在香酥糊中放少许老抽。

   ◎ 羊排刚卤好不能立即炸，一是因为水分太多油容易迸溅；二是因为肉太热时容易脱骨。冷却一会儿再炸比较好。

5. 将孜然粉、辣椒面和适量盐拌匀，用作食用时的蘸料，可以使羊排的味道更丰富。

诀窍与重点

香酥糊

香酥糊用处很多，还有很多变化款。烹制香酥鸡、糖醋里脊或抓炒鱼片时都可以用香酥糊。变化款是因淀粉和自发粉的比例不同导致的。做香酥羊排用的香酥糊中淀粉和自发粉一样多，而做糖醋里脊用的香酥糊中淀粉多一些，自发粉少一些。自发粉的作用是使炸制的东西更酥脆。如果炸完即食，自发粉可以多一些，这样成品口感较酥脆；如果炸完还要裹汁，那么淀粉的比例要达到四分之三甚至更多，否则裹汁后脆皮容易碎。

回锅肉

川菜之王

回锅肉在四川极受欢迎。如果哪个家庭主妇连回锅肉都做不好，那肯定会被认为不称职。新鲜的猪后臀尖、浓郁的豆瓣酱、柔嫩的青蒜配上当地的甜面酱，入口的感觉自不用说，单是炒制时散发的香味就足以让吃货们垂涎三尺。

做法

1. 五花肉刮毛洗净冷水下锅，放入大料、花椒、干辣椒、葱段和姜片同煮（图 ❶），大火烧开后撇去血沫，转小火盖上锅盖煮约 20 分钟，关火让肉在汤中浸泡一会儿（图 ❷）。

主料	
带皮五花肉	400 克
青蒜	150 克

调料	
郫县豆瓣	40 克
永川豆豉	5 克
甜面酱	15 克
黄酒	5 克
白糖	5 克
花椒	10 粒
大料	2 个
干辣椒	1 个
葱段、姜片	适量

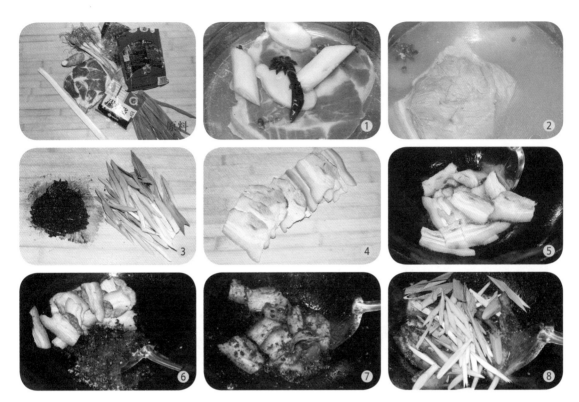

◎ 冷水下锅有助于更好地清除肉中的血水和杂质。

◎ 煮 10 分钟后给肉翻个面。用筷子扎一下，如果一扎便透就表明肉熟了，如果扎不透则表明肉的中间还是生的。肉一熟即关火，否则会影响口感。

◎ 在汤中浸泡一会儿是为了让肉吸收更多的汤汁，使其味道和口感更好。

2. 泡肉时将豆瓣和豆豉剁细，青蒜洗净切马耳朵段（图 ③）。

◎ 豆豉和豆瓣放在一起剁细可以节省时间，不用分开剁。

3. 肉捞出，切成 0.3 厘米厚的大片（图 ④）。

◎ 熟肉切片最好在热的时候切，此时肉质松散一些，比较好切。凉了肉质会发紧，不太好切。

4. 锅烧热，倒油（油量与平时炒菜所用的量相当），放入肉片，小心别被溅出的油烫到。小火煸炒 3 分钟，将油煸出（图 ⑤）。肉片拨至一旁，放入豆瓣和豆豉，小火煸炒出红油（图 ⑥）。混合肉片和豆瓣中火煸炒，放入甜面酱、白糖、黄酒（图 ⑦），最后放入青蒜中火炒 10 秒钟即可（图 ⑧）。

◎ 肉片要用五成热的油小火慢煸，并且不停翻动，以防肉皮迸溅出油花。

◎ 豆瓣要炒出红油。这道菜原本应该放酱油，不过豆瓣本身比较咸，所以可以不放。

◎ 青蒜不要炒过火，否则口感和味道都会受影响。

老 罗 说 菜

多种多样的回锅肉

　　我的父亲是四川人，小时候我特别喜欢吃他做的回锅肉。烹饪时肉片和豆瓣、甜面酱交融形成的香味加快了我分泌唾液的速度。当那一捧青蒜刚刚混在嗞嗞作响、挂满红油酱汁的肉片中时，我已经急不可耐地将一碗米饭端在手中了……

　　回锅肉在四川有很多版本，肉的做法不变，只需将青蒜换成其他原料即可。由此产生了莲花白回锅肉、洋葱回锅肉、青椒回锅肉甚至锅盔回锅肉等版本，可见大众对回锅肉的喜爱。这道菜一直在演变、更新，一次又一次地带给我们惊喜。

鱼香肉丝

泡椒、泡姜珠联璧合

🐦 鱼香肉丝是四川名菜，有鱼味而不见鱼。鱼香肉丝和宫保鸡丁的基础味道一样，都属于酸甜口。品尝鱼香肉丝时感受到的味道应该依次为咸、甜、酸、微辣。这道菜没有宫保鸡丁那么辣，因为二者用的辣椒不一样，所以整体风味有所不同。

做法

1. 猪里脊切丝（图❶），加少许盐和黄酒稍腌一会儿后放入水淀粉拌匀（图❷）。
2. 香葱、泡姜、蒜切末，木耳、冬笋切 0.5 厘米宽的丝，泡椒去籽、去蒂剁细蓉（图❸）。

   ◎ 冬笋要顺刀切，顶刀切的话炒制时易碎。泡椒剁得越细，炒出的红油越红。

3. 调鱼香汁。混合酱油、米醋、白糖、盐、黄酒和淀粉并调匀。

主料	
猪里脊	250 克
水发木耳	20 克
冬笋	30 克

调料	
泡椒	4 个
泡姜	20 克
蒜	20 克
香葱	25 克
黄酒	10 克
酱油	20 克
白糖	20 克
米醋	15 克
盐、淀粉	适量

◎尽量将白糖搅拌至溶化。

4. 冬笋丝和木耳丝焯水（图**④**）。

　　◎水发冬笋酸味较浓，最好分开单独焯水。焯完再过凉水以漂去酸味。

5. 锅烧热，倒油，油量要多些（以能没过肉丝为准），五成热时转小火，放入肉丝，用筷子快速拨散（图**⑤**），肉丝变色后立刻捞出控油。肉丝从入锅至出锅用时约10秒钟。

　　◎肉丝滑得宁生勿老。稍微生一些没关系，因为后面还要炒，但要是滑老了口感就会变差。

　　◎用筷子可以很快拨散肉丝，使其不至于粘连成团。用其他工具的效果不及筷子。

6. 倒掉滑肉丝的油，锅中倒适量干净的油，放入泡椒蓉小火煸炒15秒左右至炒出红油，放入姜末、蒜末，大火煸炒片刻（图**⑥**），放入肉丝翻炒均匀（图**⑦**），然后再放入木耳丝和冬笋丝略炒几下（图**⑧**），最后放入葱花和鱼香汁快速翻炒均匀即可（图**⑨**）。

　　◎滑完油的肉丝在下锅炒之前要控油，以免成品汁多味淡。

　　◎倒鱼香汁前要再次搅匀，否则淀粉会沉淀在碗底。

　　◎所有原料要严格按顺序放入。这样不仅能使各种原料的熟度保持一致，还能使味道富有层次。

> **Tips**
> ❀ 葱的用量一定要比姜和蒜的多一些，因为葱最能激发泡椒的味道，形成浓郁的鱼香味。
> ❀ 最好选用四川泡姜，这种姜味道比生姜好得多，耐储存，还可生吃。

贰

诀窍与重点

鱼辣子造就正宗的鱼香肉丝

　　据说烹制正宗的鱼香肉丝必须用鱼辣子——泡椒的一种。为什么叫鱼辣子呢？因为按照传统做法，制作这种泡椒时需要放几尾新鲜、干净的鲫鱼进去，这样做出的泡椒就会带有鲫鱼的鲜香味道，故而得名。美食纪录片《舌尖上的中国》中播放的湖南一个小村庄的村民腌禾花鲤鱼的做法与此相似，只是腌禾花鲤鱼以吃鱼为主，而鱼辣子以吃辣椒为主，里面的鱼一般不吃，只取其味。醇厚的酸中带着一丝鱼腥味，而那种腥味又带着鱼香味和辣味，只需用热油稍煸便会让人驻足。

鱼香山药滑鸡

鱼香味的经典演绎

这道菜山药脆、鸡腿嫩，口感超好，营养丰富。吃一口，滑润、酸甜、微辣，让人难以抵挡。

主料

鸡腿	300 克
（去骨后约 220 克）	
山药	100 克
水发木耳	适量

调料

泡椒	4 个
姜	20 克
蒜	20 克
香葱	25 克
黄酒	10 克
酱油	20 克
白糖	20 克
米醋	15 克
盐	2 克
淀粉	适量

Tips

- 葱的用量一定要比姜和蒜的多一些，因为葱最能激发泡椒的味道，形成浓郁的鱼香味。
- 最好选用四川泡姜，这种姜味道比生姜好得多，耐储存，还可生吃。

原料 1 2 3 4 ⑤ ⑥ ⑦ ⑧

1. 鸡腿去骨（方法见第12页），切成比小指略细的长条，加少许盐和黄酒稍腌后放入水淀粉拌匀（图❶）。

2. 葱、姜、蒜切末，木耳切0.7厘米宽的丝，泡椒去籽、去蒂剁细蓉（图❷）。山药去皮洗净，切0.7厘米宽的小条（图❸）后用冷水浸泡。

　◎山药切好后用冷水浸泡是为了防止其变黑。有些人可能会对山药的黏液过敏，请注意。

3. 调鱼香汁。混合酱油、米醋、白糖、盐、黄酒和淀粉并调匀（图❹）。

　◎尽量将白糖搅拌至溶化。

4. 山药条和木耳丝焯水（图❺），沥干备用。

5. 锅烧热，倒油，油量要多些，六成热时放入泡椒蓉和鸡肉炒散，鸡肉变色且有红油出现时（图❻），放入姜末、蒜末稍煸几下（图❼），然后放入木耳丝和山药条略炒，最后放入葱花和鱼香汁快速翻炒均匀即可（图❽）。

　◎山药黏液很多，尽量洗净；炒鸡肉前要对锅进行防粘处理（方法见第8页）。

　◎倒鱼香汁前要再次搅匀，否则淀粉会沉淀在碗底。

　◎所有原料要严格按顺序放入。这样不仅能使各种原料的熟度保持一致，还能使味道富有层次。

诀窍与重点

川菜中的"一指红油"

　　传统川菜小炒讲究"一指红油"，它是川菜中爆、熘、炒之类的菜肴的出品标准。何谓"一指红油"？就是用红油或辣酱炒出的菜放一分钟左右后，靠近盘沿的位置会溢出约一指宽的红油。因此，川菜中溢出红油是正常的，而且溢出的油是川菜的精髓所在。川菜小炒讲究"一锅出菜"，要想一锅就出菜，油的用量肯定要多一些，尤其是烹制荤菜时，因为肉类刚下锅时非常吸油，如果油放少了，炒几下就会发现没油了，这样炒出的菜肯定不好吃。现在的饮食虽然讲究少油、少盐，可是对正宗的川菜而言，重油、重味不可避免，所以如果你既想身体健康又想吃正宗的川菜，只能少而精地食用。

宫保鸡丁

集川菜之大成的经典菜品

🐟 要论在中国哪道菜最家喻户晓，无疑当属川菜中的宫保鸡丁。其创始人丁宝桢若泉下有知想必也会欣慰。

烹制宫保鸡丁的难点在于复合味道的调和。虽然这道菜的口味是酸甜，但酸甜并非全部，咸味也很重要，麻辣亦不可或缺，所以宫保鸡丁的口味应该是咸、甜、酸、麻、辣。不过要将这几种味道有层次地表现出来，是比较考验厨艺的。

1. 鸡腿去骨（方法见第 12 页），带皮切成 1.5 厘米见方的丁，用盐、黄酒、少许酱油和水淀粉浆好（图 ❶）。
2. 葱切 1 厘米长的段，姜、蒜切片，干辣椒去蒂、去籽切 1.5 厘米长的段（图 ❷）。

◎ 干辣椒一定要去籽。籽不仅太辣，而且会影响成品的外观。

主料	
鸡腿	350 克
（去骨后约 250 克）	
花生米	50 克

调料	
大葱	50 克
干辣椒	5 克
花椒	30 粒
麻椒	30 粒
姜	10 克
蒜	10 克
红油	适量

宫保汁用料	
酱油	15 克
黄酒	10 克
白糖	20 克
米醋	15 克
盐	2 克
淀粉	适量

3. 花生米提前用开水泡好，去皮，小火温油炸脆（图 **3**）。

   ◎花生米不宜泡太长时间，泡至能将皮去掉即可，否则不易炸脆。
   ◎花生米一定要浸炸。浸炸即用小火慢慢炸透。炸至表面金黄，用铲子铲起来一颠能发出哗啦声即可。

4. 在碗中依次放入宫保汁用料，搅匀（图 **4**）。

   ◎尽量将糖、盐和淀粉搅拌至完全溶化。

5. 锅中倒红油（量要比平时炒菜用的稍多些），大火烧热，放入花椒和麻椒煸5秒钟（图 **5**），然后放入干辣椒煸至呈棕红色（图 **6**），立刻放入鸡丁炒散（图 **7**）。放入姜片和蒜片炒半分钟（图 **8**），鸡丁八成熟时放入葱段和宫保汁快速翻炒均匀（图 **9**），最后放入炸好的花生米快速翻炒几下即可（图 **10**）。

   ◎不能将花椒、麻椒和干辣椒炒煳，否则不但香味全无还会带有煳味。鸡丁可以在干辣椒将呈棕红色时放入。干辣椒只有在炒至呈棕红色时其香气才能最大限度地散发出来。
   ◎鸡丁炒散后要立即放姜片和蒜片，这样鸡肉才能更好地入味，否则鸡肉炒熟后纤维紧缩，就会较难入味——细节成就好味道。
   ◎一定要先放葱段再放宫保汁，否则在你放葱的间隙，宫保汁已经和原料粘连成一团了。宫保汁一放进去必须立刻翻炒均匀。

Tips

🌶 做宫保鸡丁最好选用鸡腿肉，因其口感比较嫩滑，鸡脯肉的口感则稍柴。
🌶 红油的制作方法见第17页。
🌶 若家中没有提前备好红油并且来不及用干辣椒现炒，可以用辣椒面来代替。

贰

诀窍与重点

川菜小炒的经典炒法——"一锅出菜"

   川菜小炒讲究"一锅出菜"，即主要原料不滑油、不焯水，直接入锅炒，一次性出菜。这样炒出的菜味道浓厚，香气能够深入原料内部，越吃越香。宫保鸡丁就是这种小炒的代表之一。生鸡丁直接下锅首先遇到的就是辣椒和花椒的香气，香气会立刻进入鸡肉内部，再加上宫保汁的滋润，味道十分厚重。

红油与红辣椒

   在四川，人们烹制宫保鸡丁时一般不使用现成的红油，而是用干辣椒现炒红油。当地的干辣椒品质非常好，不仅新鲜，而且肉厚，炒制时很容易出红油和香气。但其他地方产的干辣椒品质可能没有四川当地产的那么好，炒制时没那么容易出红油，香气也有所欠缺。为了弥补这种缺憾，我一般直接用现成的红油炒制。

水煮牛肉

片片麻辣、片片鲜香

🐋 水煮牛肉在川菜中很出名，味道麻辣鲜香，深受大众的喜爱。一大盆热腾腾的水煮牛肉上桌，牛肉片颤颤巍巍地抖动着身上的红油和辣椒，青菜们使劲地挤来挤去，辣椒和花椒散发出浓浓的麻辣味伴着葱蒜香气扑面而来，还不够刺激你的味蕾吗？

1. 牛肉顶刀切片（图❶），加少许黄酒抓匀，再放入少许酱油、醪糟汁和水淀粉拌匀（图❷）。

2. 锅烧热，倒油，将油烧热后放入花椒和干辣椒，小火煸炒至呈棕红色（图❸），捞出碾碎。

　◎花椒和干辣椒千万不可炒煳，但是也不能不到火候。

主料	
牛里脊	250 克
芹黄、青蒜	适量
白菜叶、豆芽	适量

调料	
郫县豆瓣	40 克
干辣椒	5 克
花椒	20 粒
酱油	20 克
黄酒	10 克
醪糟汁	10 克
盐	适量
胡椒粉	适量
葱	适量
蒜	适量
淀粉	适量

3. 郫县豆瓣剁细，葱和蒜切末（图❹）。

4. 配菜洗净，芹黄、青蒜切段，白菜叶切块。大火将锅烧热后倒入
   少许油，八成热时放入所有配菜大火翻炒几下出锅（图❺）。

   ◎ 配菜稍微用大火翻炒一下既可去除生涩味，又可保持脆嫩。尽量不要
   用水焯，否则水分会太大，而且菜容易软烂，从而影响成品的外观。

5. 锅中倒油，小火烧温后放入郫县豆瓣，煸炒出香气和红油（图
   ❻），放入一半的葱末、蒜末煸香（图❼），倒入酱油和黄酒炒
   香，加水烧开，放入炒过的配菜略烫一下（图❽）捞出垫在碗底。
   锅中放入醪糟汁、胡椒粉和盐，水再次烧开后转中火，把腌好的
   牛肉一片一片快速地放入锅中，煮半分钟左右（图❾）。将汤和
   牛肉一起浇在配菜上，撒上碾碎的花椒和干辣椒，再撒些葱末、
   蒜末，浇上八成热的油即可。

   ◎ 郫县豆瓣要用小火煸炒。配菜烫一下立刻捞出，因为后面会将牛肉和
   汤浇在上面，烫的时间长了菜容易软烂。
   ◎ 煮牛肉时水没过牛肉即可，水太多味道就变淡了。水太少也不行，因
   为牛肉上有淀粉，容易煮成糊状。放入牛肉后不要用大火把汤烧开，否
   则牛肉会变老，用中火烧至快开即可出锅。
   ◎ 放牛肉时不要一下子全倒进去，否则汤会立刻变凉，牛肉容易脱浆。
   要一片一片快速地放入。
   ◎ 最后浇的油一定要热，这样才能激发出原料所有的香气。

贰

诀窍与重点

水煮牛肉的精髓

水煮牛肉的精髓是什么？有人可能会说是郫县豆瓣，其实不然。这道菜的精髓是油炸花椒和干辣
椒。只有火候把握得好，炸出来的花椒和干辣椒才香气十足，再经碾碎后放在牛肉上和葱末、蒜末一起用热油
一激，那种味道只可意会，不可言传。热油带着香气浸透每一片牛肉和所有配菜，成就了这道川菜中的经典之作。

干烧鱼

河鱼最受欢迎的吃法之一

要论鱼怎么做最好吃，四川特有的一种烹饪方法"干烧"绝对排在前三位。干烧菜口味咸鲜微辣，入口回甘。烹饪时无须勾芡，让汤汁慢慢收干，使味道缓缓地渗入鱼的每一寸骨肉，直至每一寸鱼皮都被红油牢牢包裹，等待着筷子的洗礼。

主料

罗非鱼	750 克
肥肉	100 克

调料

郫县豆瓣	30 克
酱油	20 克
黄酒	15 克
盐	2 克
白糖	15 克
米醋	10 克
胡椒粉	少许
葱、姜、蒜	适量

Tips

- 尽量选活鱼，现杀现吃。用冷冻的鱼也可以。干烧的一个好处就是用冷冻鱼一样能烧出美味。
- 如果不喜欢肥肉，可以用五花肉，但是尽量让肥肉多一些，因为鱼肉比较柴，将肥肉和鱼一起烧可以使鱼肉更滋润。

原料

①

②

③

④

⑤

⑥

⑦

⑧

1. 鱼处理干净，在两面切花刀，刀口不需要太深，0.5厘米即可。擦干鱼表面的水分，稍微晾一会儿（图①）。

   ◎煎鱼之前最好将鱼表面和鱼腹内的水分擦干，否则煎的时候容易溅油。

2. 葱切小段，姜、蒜切小丁，肥肉切大丁，郫县豆瓣剁细（图②）。

3. 锅烧热，倒少许油，八成热时放入鱼，大火煎至两面金黄（图③），盛入盘中备用。

   ◎煎鱼前一定要对锅进行防粘处理（方法见第8页），鱼煎至两面金黄后立刻出锅，否则鱼肉会变老。

   ◎煎鱼时尽量用大火，鱼刚入锅时不要翻动，否则鱼皮易破，煎半分钟左右再翻动，这样鱼表面很快会定形，不容易粘锅，翻面时不容易碎，上色也快。

4. 将煎鱼的油倒掉，倒入适量干净的油，放入肥肉丁中小火煸出油后（图④）转小火，待

油温降低后放入郫县豆瓣，和肥肉丁一同煸炒，炒至出红油（图⑤），放入葱、姜、蒜，中火煸炒几下后转大火，放入黄酒、酱油炒出香气（图⑥）。倒入适量热水，放入盐、白糖、胡椒粉（图⑦），大火将汤汁烧开，把煎好的鱼轻轻放入锅中，盖上锅盖。烧开后转中小火，5分钟后翻面。烧至汤汁黏稠油亮时将鱼捞出，将米醋淋入锅中，大火烧开后浇在鱼身上即可（图⑧）。

◎煎鱼的油不宜再次使用，因其经高温加热后色泽发黑且有腥味，对健康不利。

◎肥肉丁不需要煸成油渣，它们主要用于在和鱼一起烧的过程中慢慢滋润鱼肉。

◎郫县豆瓣一定要小火慢煸。口味比较淡的话可以不放盐，因为郫县豆瓣和酱油都有咸味。

◎鱼翻面时极易碎，最好用较宽的铲子翻面。

◎最后汤汁快收干时要多晃动锅，以防鱼皮粘锅。

诀窍与重点

哪种鱼更适合干烧？

烹制传统川菜干烧鱼时，比较讲究的人会选用大黄花鱼。大黄花鱼的蒜瓣肉洁白如雪，烧好后香气四溢，味道极其鲜美。十几年前我干烧过一条野生大黄花鱼，那种鲜美足以用"余味绕舌，三日不绝"来形容。遗憾的是，如今的大黄花鱼多是人工养殖的，味道远不及野生的鲜美。除大黄花鱼外，新鲜的鲫鱼用来干烧味道也非常棒，只是鲫鱼刺比较多，所以我一般会选用罗非鱼。罗非鱼刺少，味道也不错，肉质很肥美。你不妨一试！

麻辣香锅

香料交织的"交响乐"

🐟 秋天的雨滴从房檐上滑落，滴在行人头上。秋风袭来，落叶满地，凉意十足。大街上腹中咕咕乱叫的行人不禁裹紧衣领，加快步伐，径直奔向那家麻辣香锅小店……

这个崇尚麻辣的年代催生出无数的麻辣美食，其中很多源于四川。四川的饮食文化造就了无数传奇美食，麻辣香锅便是其中的佼佼者。香料的味道混合着麻辣味令人心动，原料的多样化也给了食客无法拒绝的理由。

做法

1. 将所有香料放在一起用冷水浸泡半小时后沥干。干辣椒用温水浸泡1小时后沥干（图 ）。鸡翅用黄酒、盐和少许酱油腌上。

   ◎ 香料非常干，如果直接炒不但味道出不来，而且容易煳，所以要先用水泡半小时。这样炒的时候既不会煳，味道也会很足。

   ◎ 和香料一样，干辣椒如果不泡软，煸炒时也容易煳。泡软的干辣椒剁细或捣细后在川渝等地也叫"糍粑辣椒"。

2. 泡软的干辣椒去蒂、去籽剁碎，郫县豆瓣、豆豉剁细。葱切段，姜切片（图 ）。

   ◎ 剁细的豆瓣和豆豉等分开放，因为它们入锅的时间不一样。

3. 炼油。鸡油、猪油、牛油洗净晾干，切成1厘米见方的丁。锅烧热，倒入食用油，放入3种油丁，再放一些葱叶去除异味，中火炼出水汽后改小火炼至油丁缩小并呈金黄色即可关火（图 ）。待油

原料

主料

鲜虾	500 克
鸡翅	500 克
莲藕、荷兰豆	适量

香料

排草	3 克
川芎	3 克
草果	3 克
大料	3 克
桂皮	3 克
陈皮	3 克
香叶	3 克
肉蔻	3 克
白芷	3 克
白蔻	3 克
山柰	3 克
良姜	3 克
砂仁	3 克
草蔻	3 克
荜拨	3 克
花椒	8 克
麻椒	8 克

调料

紫草	1 克
干辣椒	20 克
灯笼椒	15 克
郫县豆瓣	40 克
豆豉	5 克
海米	5 克
冰糖	15 克
黄酒	10 克
醪糟汁	10 克
葱、姜、蒜	适量
酱油、盐	适量

特别用油

猪油	100 克
牛油	200 克
鸡油	100 克

贰

Tips

🔹 干辣椒和花椒最好用新鲜一些的。

🔹 香料最好找全，如果实在找不全，缺几味也无妨。

🔹 猪油最好选用板油。这种油质地紧实，色白味香。不要用颜色发暗的油。

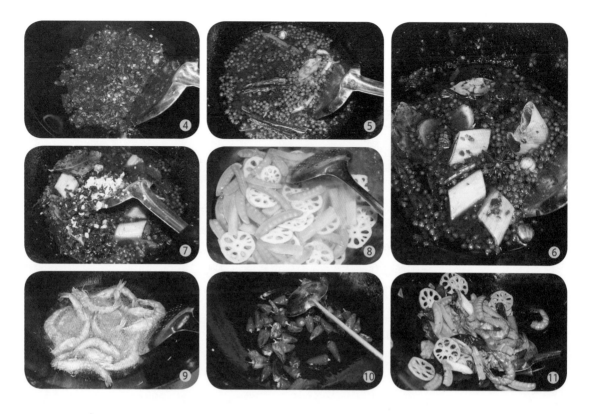

稍冷却后用细漏勺将残渣滤出。

◎ 开始炼油时用中火，油温升高后转小火，油温保持在五成热即可。

◎ 油丁呈金黄色时即可关火，因为油温降低得很慢，关火后油丁还会继续出油。

◎ 油丁呈焦黄色后不宜再炼，否则油会有煳味。

4. 炒红油。油温降至三成热时放入剁细的郫县豆瓣和干辣椒，小火煸炒5分钟（图④），然后将所有香料和紫草一同放入锅中煸炒15分钟（图⑤），再放入部分葱段、姜片煸炒5分钟（图⑥），最后放入豆豉、海米、冰糖、黄酒和醪糟汁（图⑦）煸炒10分钟即可。然后将料全部捞出。

◎ 煸炒郫县豆瓣时油保持三成热即可。炒料时自始至终宜用小火。

◎ 炒料时最好不停地搅动，否则容易煳锅。

◎ 料要按顺序放入。

5. 另切一点儿葱段、姜片，并将蒜拍碎备用。另取一锅给蔬菜焯水（图⑧）。虾炸至表面酥脆备用（图⑨）。鸡翅滑熟捞出备用。用炒好的红油将灯笼椒煸炒出香气（图⑩），然后放入葱、姜、蒜、焯过水的蔬菜、虾和鸡翅大火翻炒，加一些盐调味即可出锅（图⑪）。

◎ 最后放葱、姜、蒜可以增香。

◎ 虾要用热油炸脆、鸡翅滑熟、蔬菜略微焯一下就行，因为后面还要炒。

◎ 如果觉得只用红油炒不过瘾，可以放一些捞出的底料，味道会更好。底料比较咸，故最后炒制时不必再放盐。

诀窍与重点

醪糟

　　醪糟在南方很常见，尤其是在四川和湖南，但是用于做菜还是四川多一些。醪糟其实就是糯米酒酿，里面的糯米和米酒都可以用来做菜，也可以直接食用。它在烹制川菜和制作红油炒料如香辣底料和火锅底料时用得比较多，能起到去腥、解腻、提香的作用，还能使菜肴的整体味道更柔和。醪糟还是制作甜品的好原料，可以制作如醪糟汤圆、醪糟蛋等著名小吃。

葱烧牛蹄筋

调制地道的葱香味

🐦 牛蹄筋是美容佳品，胶原蛋白含量丰富，脂肪含量极低且不含胆固醇。这道菜非常适合女性食用。牛蹄筋软糯可口又弹性十足，一口下去葱香会在口腔内极度扩张，刺激着每一颗味蕾，让你不忍停箸。

做法

1. 牛蹄筋洗净后冷水下锅，水要没过牛蹄筋。放入少许葱段、姜片、花椒和二锅头（图 ），烧开后煮 5 分钟，撇去浮沫后将牛蹄筋捞出备用。

   ◎ 多倒一些二锅头以去除鲜牛蹄筋的腥膻之气。

2. 将焯好的牛蹄筋放进高压锅，加水，水要没过牛蹄筋。放入大料、桂皮、少许花椒、葱段、姜片、干辣椒和二锅头（图 ❷），盖上锅盖，水开后装上限压阀煮 20～25 分钟。

3. 煮牛蹄筋期间，将大葱的葱白切成 8 厘米长的段，共需 6～8 段。锅烧热，倒入 150 克食用油，七成热时放入葱段炸至表面呈金黄色（图 ❸），捞出放入碗中，加少许白糖、黄酒和酱油，上蒸锅蒸 5 分钟（图 ❹），取出备用。

   ◎ 炸葱段时油温要高些，但不可炸太久，否则葱段会软烂。
   ◎ 将炸好的葱段加调料上锅蒸可以使葱段更入味，口感更好。

4. 熬葱油。将葱叶和香菜切成 1 厘米长的小段，姜切丝（图 ❺），

贰

主料	
鲜牛蹄筋	500 克
大葱	2 根

调料	
酱油	10 克
黄酒	10 克
白糖	20 克
盐	2 克
大料	3 个
花椒	20 粒
桂皮	1 小块
干辣椒	2 个
淀粉、胡椒粉	适量
葱段、姜片	适量
二锅头	适量

葱油用料	
香菜	25 克
姜	25 克
葱叶	60 克

Tip

❀ 制作这道菜一定要使用鲜牛蹄筋，这样口感才好，味道才鲜美。

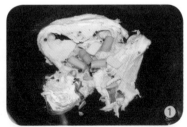

待炸葱段用的油降至五成热后，放入切好的葱、姜和香菜，小火熬 10 ～ 15 分钟，待油呈金黄色后捞出，葱油就熬好了（图 ❻）。

◎ 熬葱油时最好将葱须洗净一同熬。

◎ 熬葱油的用料千万不能炸煳，否则葱油会有煳味。

5. 牛蹄筋煮好后捞出晾凉，切成 1.5 厘米厚、8 厘米长的条（图 ❼），放入锅中，加水，放少许酱油、黄酒、葱段、姜片、胡椒粉，大火烧开后关火泡上（图 ❽）。

◎ 炖牛蹄筋的调料适量即可，分量不需要太精确，只要使牛蹄筋有些底味即可。此处用料要单独算，未计入调料表中标明的量。

6. 锅烧热，淋入少许葱油，将白糖炒至呈褐色（图 ❾），倒入炖好的牛蹄筋，用中火快速炒至上色，然后放酱油、黄酒翻炒出香气，加入适量热水、盐、胡椒粉和葱段（图 ❿），翻炒均匀后淋入适量葱油，中火烧 5 分钟，最后大火收汁、勾芡，再淋上适量葱油即可出锅（图 ⓫）。

◎ 糖色要炒至颜色红亮。如果炒不好，可以不用糖色，直接放几滴老抽。

◎ 炖好的牛蹄筋使用前应捞出沥干。

◎ 葱油最少淋 3 次：炒糖色时放一次，烧的过程中放一次，出锅前放一次。

诀窍与重点

葱油成就经典鲁菜

"葱烧"是鲁菜的经典烹饪方法。最著名的葱烧菜肴莫过于葱烧海参，但从干参的泡发到最后制得成品，难度较大。相较而言，葱烧牛蹄筋更适合在家做。葱烧的菜肴最重要的步骤是熬葱油。熬葱油是非常讲究的，里面必须放姜和香菜，而且最好连葱须一起熬，因为葱须的葱香味更浓。小火将原料熬至呈焦黄色后立刻捞出，这样熬得的葱油被称为"煳葱油"。其实葱油并没煳，只有焦香味。这种味道非常独特。前面说葱烧的过程中最少要淋 3 次葱油，其实最正宗的葱烧菜在菜盛盘后、上桌前还会再淋一些热葱油。你可能会想这样做的话菜会太油腻，不过入口后你就会改变看法，因为这道菜讲究的就是口感肥厚软糯。

很多人会忽视葱烧菜里的葱段，其实经过炸、蒸、烧之后，葱段已经不具有原本又辣又冲的味道了，而是变得甜、面、入味，入口后只有淡淡的葱香，口感醇厚，丝毫不比牛蹄筋逊色，又和牛蹄筋相得益彰。不然大厨们何必费那么大力气去处理它们呢？

家常豆腐

老少皆宜的豆腐菜肴

🐟 家常豆腐是四川人常吃的一道菜肴。虽名曰"家常豆腐"，味道却不平常，制作方法也比较讲究。豆腐煎至两面金黄，五花肉切薄片略炒出油，豆瓣酱小火煸香，然后用小火将豆腐炖软，最后放入青蒜，味道喷喷香，是一道极好的下饭菜。

做法

1. 豆腐切3厘米宽、5厘米长、0.8厘米厚的片（图❶），五花肉切薄片，豆瓣剁细，青蒜切马耳朵段，葱、姜切末（图❷）。

   ◎豆腐不能切得太薄，否则一煎就成薄脆了；太厚也不行，不易入味。
   ◎五花肉切得越薄香味出得越多，最后烧出的豆腐就越好吃。

主料	
豆腐	400 克
五花肉	100 克
青蒜	100 克

调料	
郫县豆瓣	30 克
黄酒	5 克
酱油	10 克
白糖	3 克
盐、葱、姜、淀粉	适量

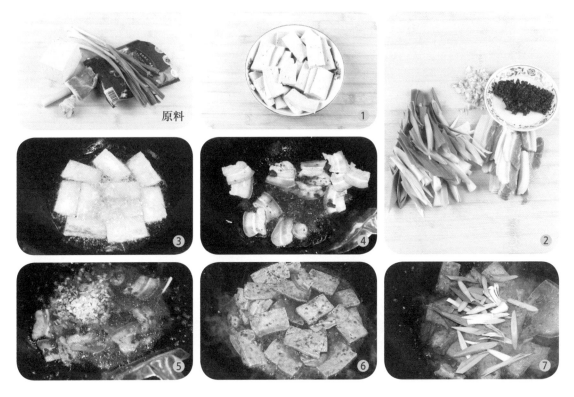

原料

1

2

3

4

5

6

7

2. 大火将锅烧热，倒油，油八成热时放入豆腐煎至两面金黄，盛出备用（图❸）。

　◎ 煎豆腐用的油要比平时炒菜用的稍微多一点儿。煎豆腐时偶尔会粘锅，所以最好提前对锅进行防粘处理（方法见第 8 页）。

　◎ 放豆腐前一定要用大火将油烧至八成热，煎豆腐期间也需用中火快速给豆腐上色定形，以达到外焦里嫩的效果。如果火力太小，煎的时间相应就会长，待豆腐表面呈金黄色时，内部的水分也几乎流失殆尽了，这样豆腐就会变硬，后面很难再炖软。

3. 把煎豆腐的油倒掉，倒入适量干净的油，放入五花肉片中小火煸半分钟后转小火，放入豆瓣煸炒至出红油（图❹），放入葱末、姜末炒出香味，转大火，放入酱油、黄酒爆香（图❺）。倒适量热水，放入白糖和盐，水烧开后放入煎好的豆腐，再次开锅后转小火，盖上锅盖烧 10 分钟至豆腐变软（图❻），汤汁快烧干时转大火，放入青蒜并勾少许薄芡，翻炒几下即可出锅（图❼）。

　◎ 川菜中只要涉及煸郫县豆瓣，油肯定不能放得太少，而且一定要用小火慢煸，把豆瓣的香味煸出来。

　◎ 煸完郫县豆瓣，准备放黄酒和酱油时一定要转大火，不必担心郫县豆瓣会煳，因为酱油和黄酒会降低油温。大火有助于这两种调料更好地散发香气。

　◎ 最后勾芡时芡汁要调得稀一些，因为豆腐不方便翻动。如果芡汁太浓，豆腐很快就会粘连成团。

　◎ 郫县豆瓣本身有咸味，所以可以不放盐。

Tips
- 最好用稍微有点硬度或韧性的豆腐（如卤水豆腐）；石膏豆腐太嫩，不好煎，做出的成品口感太"缥缈"。
- 五花肉主要起提味的作用。

贰

诀窍与重点

四川特色的家常菜

　　四川家常菜代表着四川最平民的味道。常用的调料包括豆瓣、泡椒、泡菜等，这些通常都是由当地家庭手工制作的，非常健康，其味道是超市里的调料包无法比的。同时，也正是因为这些调料家家常备，用其烹制菜肴方便简单，很快就能上桌，因此这些菜才被冠以"家常菜"之称。

麻婆豆腐

集麻、辣、咸、鲜、酥、嫩于一身

把平淡无奇的豆腐做成闻名世界的美食，可能只有四川人才能做到吧？麻婆豆腐集麻、辣、咸、鲜、酥、嫩于一身，其中酥是用来形容牛肉末的，足以说明这道菜中牛肉末是必不可少的。牛肉的味道和豆瓣、豆腐是那么合拍，一场美食盛宴就此拉开序幕。

主料

南豆腐	400 克
牛肉	100 克
青蒜	适量

调料

郫县豆瓣	30 克
永川豆豉	5 克
花椒	2 克
辣椒面	5 克
黄酒	10 克
酱油	10 克
白糖	5 克
葱、姜、蒜	适量
盐、淀粉	适量

Tips

- 一定要选用南豆腐。北豆腐太生涩，不适合用来做这道菜。
- 辣椒面的作用是提色和增加辣度。
- 牛肉最好选肥一点儿的，这样用油煸过后会比较香。

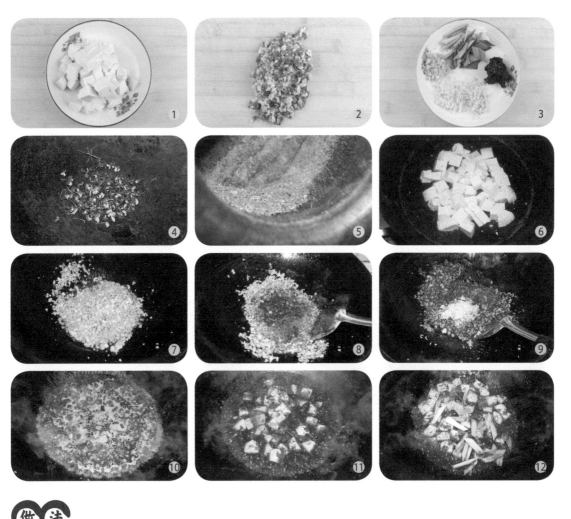

做法

1. 豆腐切2厘米见方的块（图❶），牛肉剁末（图❷），葱、姜、蒜切末，豆瓣和豆豉放在一起剁细，青蒜切小段（图❸）。

2. 小火将花椒粒干煸至呈棕红色（图❹）。晾凉后捣成花椒面（图❺）。

3. 锅中倒水，加少许盐，烧开后放入豆腐（图❻），转小火，2分钟后捞出沥水。

   ◎焯豆腐不能用大火，否则豆腐易老、易碎。
   ◎加盐是为了去除豆腐的石膏味。

4. 锅洗净烧热，倒油，放入牛肉末中小火煸炒至干酥并出油（图❼），放入剁细的豆瓣、豆豉、花椒面和辣椒面，小火煸出香气和红油（图❽），放入葱、姜、蒜、黄酒和酱油，大火炒出香气（图❾），加一些热水，放入白糖和盐后烧开（图❿），把豆腐轻轻倒入锅中，大火烧开后转小火炖5分钟（图⓫），待汤汁浓稠后放入青蒜，勾芡出锅（图⓬）。

◎牛肉末用中火煸至没蒸汽上升就说明快酥了，然后小火再煸几下即可。
◎炖豆腐时水不宜多，否则无法在短时间内收干。水面和豆腐持平即可。
◎青蒜一定要最后放，以保证翠绿和脆爽。
◎豆腐容易出水，所以最后可以分两次勾芡，这样汤汁可以更好地包裹豆腐。

贰

诀窍与重点

豆腐的选择

做这道菜选对豆腐至关重要。北方人常吃卤水豆腐，也就是俗称的"北豆腐"；南方人常吃石膏豆腐，也就是俗称的"南豆腐"。做这道菜一定要用南豆腐。北豆腐生涩味浓，质地较硬，不够嫩，一般的做法很难盖住它本身的味道，因而适合炸后再炖。南豆腐本身没有太大的味道，质地非常软嫩，很适合用来做这道菜。

梅菜扣肉

滑溜醇香、肥而不腻

 梅菜扣肉是广东名菜。梅干菜配以柱侯酱、红腐乳，每片肉都香得美妙、香得彻底。整道菜咸中带甜，酱香浓郁，实为极好的下饭菜。扣肉有很多种，我独青睐这一口。

做法

1. 葱切段、姜切片。梅干菜用冷水浸泡一会儿（图 ❶），洗一遍后挤干，放入炒锅用中火干炒几分钟备用。

◎梅干菜洗一遍即可，不宜反复洗，否则味道会变淡。通过煸炒可以使梅干菜散发出更多的香气。

主料	
五花肉	500 克
梅干菜	100 克

调料	
柱侯酱	30 克
生抽	15 克
蚝油	10 克
红腐乳	半块
白糖	10 克
黄酒	10 克
老抽、葱、姜	适量

原料

① ② ③ ④ ⑤ ⑥ ⑦

2. 锅中倒水，放入五花肉和葱段、姜片，大火烧开后转小火煮20分钟（图②），捞出趁热在表面抹上老抽（图③）。锅洗净，大火烧热，倒油，油八成热时将五花肉皮朝下放入炸至上色，盛出备用（图④）。

　◎ 肉要煮熟，否则后面不好切片。
　◎ 肉皮热的时候质地较松散，容易吸收老抽，好上色。
　◎ 用热油炸一下可以使肉色更红亮，肉皮更蓬松，蒸完后会更软糯。
　◎ 炸制时准备一个锅盖，小心油迸溅。
　◎ 肉炸十几秒即可上色。在家中炸制不要倒太多油，可先炸好一面然后翻面炸。

3. 炸好的肉稍微晾一会儿，然后切成0.6厘米厚的片，再将所有调料与肉搅拌均匀（图⑤）。取一个平底的大碗，肉皮朝下将肉片一片一片码好，然后把煸炒好的梅干菜铺在上面（图⑥），将拌肉的料汁全部倒在梅干菜上，上锅蒸1～1.5小时即可（图⑦）。

　◎ 肉片厚度要适中，太厚不易蒸透，太薄口感不佳。
　◎ 由于各地的调料不太一样，具体用量还需依调料而定。

4. 肉蒸熟后将碗里的汤汁淐出，将肉倒扣在砂锅中或盘子上，汤汁勾芡后浇在肉上。若肉倒入砂锅中，需用中火将汤汁烧开后食用；若肉倒在盘子上，浇汁后可直接食用。

诀窍与重点

扣肉的种类

　　中国的扣肉种类繁多，尤以四川和广东的为最。四川的有咸烧白、冬菜扣肉、芽菜扣肉等，味道以咸鲜和麻辣为主；而广东、绍兴等地的均以咸甜为主，如梅菜扣肉。香芋扣肉也是咸甜口的，香芋本身就有香甜之气，再配以柔和的广式酱汁，和肉搭配在一起口感极好。最出名的还是广西的荔浦芋扣肉。荔浦芋全国闻名，在清代曾是贡品，用其搭配扣肉味道极其鲜美醇厚。

柱侯花生猪手煲

甜糯的滋补养颜菜

🐦 花生米和猪手搭配在一起，花生米软面，猪手黏糯，酱香浓郁，颜色诱人。猪手富含胶原蛋白，花生米富含维生素 E，都是天然的养颜补品。广东人擅长用酱汁把一些看似简单的食材整合起来，令人惊喜连连，食指大动。

1. 花生米提前用温水浸泡，猪手去毛、去老皮后剁成两半，冷水下锅，放少许葱、姜和二锅头去腥，烧开后煮 5 分钟（图❶），撇去浮沫，捞出备用。

   ◎ 可用废弃的刮胡刀给猪手去毛，趾缝里不好刮的毛可用烧红的改锥烫掉。小心不要烫到手指。
   ◎ 花生米最好提前用水浸泡并上锅蒸或者煮 20 分钟，这道菜里的花生米炖面了才好吃。有时猪手炖烂了花生米还比较硬，所以要提前加工一下花生米。最后炖猪手的时候一定要把花生米和蒸煮花生米的水一起放进去，以更好地保留花生米的营养和味道。

2. 趁热在猪手表面均匀抹上老抽（图❷）。锅中倒油，油量要大些，八成热时放入猪手（图❸），炸至表面呈枣红色时捞出（图❹），

主料	
猪手	1200 克
花生米	适量

调料	
柱侯酱	40 克
广东豆瓣酱	15 克
生抽	15 克
盐	5 克
蚝油	10 克
黄酒	15 克
冰糖	15 克
草果	1 个
香叶	3 片
大料	3 个
桂皮	1 小块
陈皮	1 小块
葱	1 根
姜	1 小块
二锅头、老抽	适量

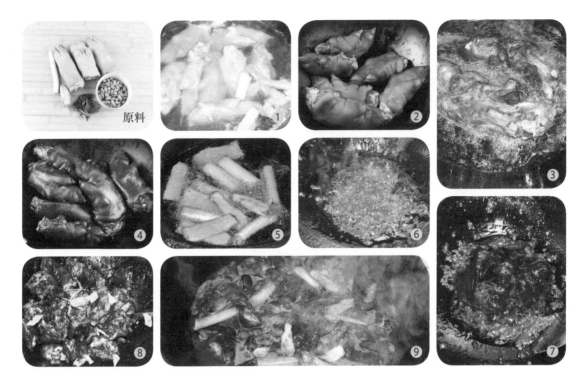
原料

每半个猪手剁成 3 块备用。

◎ 老抽一定要趁热抹，因为热猪手容易上色。

◎ 炸的时候油温要高，好让猪手表皮尽快上色。要将表皮炸得干一些，使里面的组织发生变化，产生蜂窝状结构，这样炖的时候猪手会更容易吸收水分，口感会更加软糯、有韧性。

◎ 炸的时候油会迸溅，最好预备一个锅盖。

◎ 猪手可以让卖猪肉的人提前剁好。

3. 准备 4 ~ 5 段大葱、7 ~ 8 片厚姜片。将油烧至八成热，先把姜片放进去炸 10 秒钟，再把葱段放进去炸至呈金黄色（图 ⑤），全部捞出备用。

◎ 姜比较耐炸，所以要先炸；炸葱的时候油偶尔会迸溅，注意安全！

4. 把油倒入碗中，锅中留少许底油，放入豆瓣酱煸炒出香气（图 ⑥），然后放入柱侯酱煸炒一会儿（图 ⑦）。转大火，放入猪手和黄酒翻炒均匀，接着放入所有香料翻炒均匀（图 ⑧），倒入花生米和蒸煮花生米的水，再加一些热水，放入所有调料搅匀，最后把炸过的葱段、姜片放进去，大火烧开，小火炖 2.5 ~ 3 小时即可（图 ⑨）。

◎ 炖猪手的水量以高出猪手两厘米左右为准。

◎ 如果炖了一个多小时后发现汤已不多，可以将猪手和汤倒进高压锅炖 20 分钟。

◎ 把葱段、姜片炸过再放进锅里炖是粤菜常用的一种特殊的烹饪方法，虽然稍显麻烦，不过能让炖好的肉多一丝焦香之气，比直接放进锅里炖的在味道上多一丝"灵气"。

5. 在砂锅底部放一片生菜叶（防粘锅），把炖好的猪手倒进去，盖上盖子用中火煮开即可上桌。

◎ 最好勾一点儿芡再煲猪手，这样味道会比较浓厚。

贰

诀窍与重点

广东豆瓣酱和柱侯酱

　　广东豆瓣酱在粤菜中比较常用，是广东的一种生鲜辣椒酱，不同于四川的豆瓣酱。烹饪时需要用油将这种酱的香气炒出来。我一直遵循"什么菜系用什么调料"的原则，大家做菜时尽量不要胡乱使用调料。

　　柱侯酱也是粤菜中较常用的一种特别的面酱，有点儿像甜面酱，但是味道又不完全一样，有些许蒜味和香料味，放进菜里非常够味儿。此酱在粤菜中堪称"万能酱"，烹制炖、烧之类的菜肴都可以放一些，一定不会让你失望。

菠萝咕咾肉

酸甜可口的广东名菜

🐦 此菜老少皆宜，讲究的是口感外酥里嫩。烹制时有诀窍——快速炸肉两次。第一次使里面熟，第二次使外面脆（要领详见"做法"中的步骤4）。咕咾肉配上青椒、红椒、菠萝船，色彩鲜艳，摆盘新颖，足以让人耳目一新。女性尤其喜欢这道菜。

1. 葱、姜切碎，放到碗中用水浸泡约半小时（图❶）。梅花肉切成0.5厘米厚的片，放少许盐抓匀（图❷）。将泡好的葱姜水一点点加到肉片中，边加边搅拌，直至肉片变软嫩（图❸）。

　◎ 泡葱和姜时水没过葱和姜即可，水太多的话葱姜味就淡了。
　◎ 肉不要切得太薄，否则经裹糊炸制后吃不出肉味。
　◎ 葱姜水要分次加入，每次加入后均需充分搅拌至水被肉完全吸收，这样腌制的肉炸出来才能达到外酥里嫩的效果。

主料	
梅花肉	200克
菠萝	1个
青椒、红椒	适量

调料	
番茄酱	40克
白醋	30克
白糖	40克
盐	3克
鸡蛋	1个
葱、姜、淀粉	适量

Tip

　◎ 梅花肉即猪的上肩肉，瘦中带肥，纹理与大理石花纹很像，肉质鲜嫩，是做咕咾肉及叉烧肉的首选。

2. 菠萝纵向剖成两半，用小刀把果肉掏出来切成块，青椒、红椒洗净切块备用（图 ❹ ❺）。

◎ 掏果肉时尽量掏成大块，之后将其切成小块。

3. 鸡蛋打散，淀粉放入碗中备用，另取一个盘子备用。先将肉蘸上蛋液，再裹上淀粉，最后放入盘中（图 ❻）备用。

◎ 裹好淀粉的肉尽量避免摞在一起，因为肉里水分较多，摞在一起容易挤压出水，使表面的淀粉变湿，而且肉会粘在一起，不好分开。

◎ 裹好淀粉的肉最好立刻炸，以免出水。

4. 大火将锅烧热，倒油，油量要多些。待油八成热时，将肉放入，炸至表面定形即可捞出（图 ❼）。再次将油烧至八成热，将肉放入复炸至表面酥脆（图 ❽），然后捞出控油。炸肉的同时用另一口锅将菠萝块、青椒块和红椒块焯水备用。

◎ 第一次炸肉时不要一下子将肉全部倒入油中，而要快速将肉一片一片放入，否则油温会立刻降低，导致淀粉脱落，肉粘连在一起。家里的锅一般较小，一次无法将肉全部炸完，所以最好分两次或者 3 次炸，这样肉的口感会比较好。肉只要一定形就立刻捞出，因为炸制时间太长肉会变老。

◎ 复炸的目的主要是使肉表面酥脆，所以油温一定要高。可以一次性将肉放入，因为肉已经炸过一次，还比较热，全部下锅后不会使油温降低，这样可以保证肉表面酥脆。复炸时要一直保持大火。

5. 将炸过肉的油倒入碗中。锅洗净，烧热后倒入少许干净的油，再倒入番茄酱小火炒半分钟，然后放入白醋、白糖和盐，大火翻炒均匀（图 ❾）。放入炸好的肉片和焯好的菠萝块、青椒块和红椒块翻炒均匀，淋一点儿明油即可出锅（图 ❿）。

◎ 番茄酱炒至冒小泡、出红油和散发香气就可以放其他调料了。

◎ 做这道菜最好准备两口锅，一口锅炸肉，另一口同时焯菠萝块、青椒块和红椒块。如果等肉炸好再焯水和炒番茄酱，炸好的肉就会变软。

◎ 主料放进锅里后应以最快的速度炒匀出锅，而且应尽早上桌，这样肉的口感才好。

贰

诀窍与重点

番茄酱和番茄沙司

现在市面上主要有两种番茄酱料：一种叫番茄沙司，另一种叫番茄酱。番茄沙司能直接食用，快餐店里用于蘸食的多为番茄沙司。做菜时番茄沙司可以不经炒制，待主料下锅后直接放入，但是经过炒制后味道会更好。现在最常见的番茄酱是罐装的，一般不直接食用，因为它的味道有点儿涩。用番茄酱做菜时一定要先炒一下。经过炒制的番茄酱味道比番茄沙司好。

豉汁蒸凤爪

早、中、晚皆宜享用的美味

豉汁蒸凤爪在广东是一道人气颇高的小吃，鸡爪软烂，豉香浓郁，酱色诱人，入口即化，无论作为茶点还是夜宵，都颇受欢迎。吃早茶时点这样一道小吃，再配两样小点心，如叉烧包和虾饺或者马蹄糕和肠粉，一整天都会开心。知足者常乐。

主料

鸡爪	1000 克

调料

广东豆瓣酱	10 克
蚝油	10 克
黄酒	10 克
生抽	5 克
白糖	10 克
大料	4 个
草果	2 个
桂皮	1 小块
麦芽糖	50 克
白醋	50 克
葱、姜	适量
老抽、淀粉	适量

豉汁用料

阳江豆豉	140 克
干葱	70 克
鲜红椒	20 克
姜	10 克
蒜	10 克
蚝油	15 克
白糖	15 克
黄酒	5 克
老抽	10 滴
陈皮	少许

Tip

熬好的豉汁可以存放一段时间，所以可以多做一些，随吃随用。

做法

1. 熬豉汁。阳江豆豉上锅蒸 5 分钟（图①）。姜、蒜、鲜红椒、陈皮和干葱切末，豆豉趁热剁碎（图②③）。锅烧热，倒油，油量要多些（豆豉比较吸油），放入豆豉小火煸炒 10 分钟（图④），然后放入姜末、蒜末、辣椒末、干葱末、蚝油、白糖、黄酒、陈皮末和老抽熬 15 分钟（图⑤），盛入碗中备用（图⑥）。

   ◎ 阳江豆豉比较硬，需要上锅蒸几分钟，变软后剁起来比较省力。
   ◎ 干葱是一种个头非常小的洋葱，味道比大洋葱清甜又不失洋葱味。如没有干葱，可用洋葱代替。
   ◎ 熬豉汁时要不停地铲动，否则容易煳锅。
   ◎ 豉汁晾凉后用保鲜膜封好放入冰箱冷藏，可存放一两周，不过还是尽早使用为好。

2. 鸡爪剁去爪尖洗净。水烧开后放入麦芽糖和白醋，待麦芽糖化开后放入鸡爪焯熟，捞出备用（图⑦）。

   ◎ 放麦芽糖和白醋有助于鸡爪在炸制时快速上色。
   ◎ 焯鸡爪时水没过鸡爪即可，太多的话会使麦芽糖

和白醋过分稀释，从而影响鸡爪上色。

3. 锅烧热，倒油，油量要多些，八成热时放入鸡爪炸至上色（图⑧），出虎皮纹后捞出（图⑨），浸泡在冷水中。

   ◎ 可将焯好的鸡爪晾干，这样炸制时就不易溅油；尽量不要等鸡爪完全晾凉后再炸，否则效果不好。
   ◎ 炸鸡爪时待鸡爪下锅后最好立即盖上锅盖。
   ◎ 尽量用大锅炸，如果锅小、油多，放入鸡爪后油可能瞬间就会溢出。
   ◎ 锅不大时，鸡爪要分 3～4 次炸，因为鸡爪在高温下才会很快上色，才能出现皱皱的虎皮纹。如果一次放很多，油温很快会降低，此时再将火开大也无济于事了。

4. 鸡爪用冷水浸泡 1 小时后捞出，沥干，将 40 克豉汁和除淀粉外的其他调料都放进去搅匀（图⑩），然后放入淀粉抓匀，上锅蒸 1～1.5 小时即可。

   ◎ 炸过的鸡爪用冷水浸泡可以使表皮吸水回软，更加松软，口感更好。

 诀窍与重点 ～

广式豉汁

　　广东豆豉和四川豆豉味道不一样，要是想吃地道的豉汁蒸凤爪，最好用广东豆豉。粤菜中使用的阳江豆豉市面上可能较少见。这种豆豉比较干松，必须蒸一下才容易剁细。剁细后配以干葱、红辣椒、姜、蒜等一起炒制，再放入少许蚝油、绍酒等用于提鲜，小火慢炒，直至将豆豉的涩味完全去除，色香味俱全的豉汁就做好了。

大蒜烧肚条

烹制下水的绝妙智慧

猪肚，下水之一也，异味浓重。烹之若不得法，则致人反胃，败众人之兴致；烹之若得法，则有异香飘出。很多人对猪下水避之唯恐不及，其胆固醇含量固然高，不过偶尔小试也无妨。大蒜和猪肚是绝配，大蒜既能压猪肚腥臊之气，又能提猪肚之本香，实是烹制猪肚的不二之选。

主料

鲜猪肚	700 克
大蒜	150 克

调料

酱油	15 克
黄酒	10 克
盐	3 克
白糖	10 克
醋	少许
花椒	20 粒
大料	3 个
干辣椒	3 个
胡椒粉、淀粉	适量
葱段、姜片、蒜瓣	适量
二锅头	适量

Tips

- 鲜猪肚去油，两面用醋和盐揉搓一会儿后冲洗干净，连接大肠的地方最好切开洗净。
- 大蒜宁多勿少，否则蒜味不够浓郁。

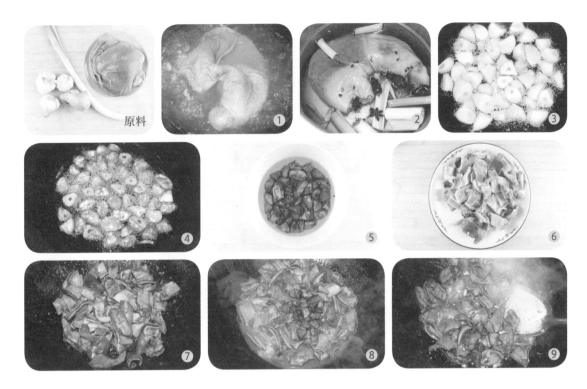

原料

① ② ③ ④ ⑤ ⑥ ⑦ ⑧ ⑨

1. 猪肚洗净，冷水下锅（图①）。放适量葱段、姜片、二锅头焯水，焯完后捞出放入高压锅，加适量水，放入适量葱段、姜片、大料、花椒、干辣椒、二锅头，盖上锅盖，大火将水烧开后装上限压阀，待排气孔发出嗞嗞声后转中小火煮15～20分钟（图②）。

◎猪肚一定要先焯一下再煮，否则会有异味。

◎猪肚异味大，稍微多放一些二锅头，用高压锅煮时要保证排气孔始终有嗞嗞声发出。

2. 炸蒜油。煮猪肚期间把蒜瓣一切为二。锅烧热，倒入100克左右的食用油，放入蒜（图③），小火炸10分钟，待蒜表面呈金黄色时将蒜连同油一起倒入碗中，浸泡出味（图④⑤）。

◎炸蒜油时大蒜和油的用量都要多一些，否则不容

易炸出蒜香味。

3. 猪肚煮好后捞出晾一会儿，切长条备用，特别厚的地方稍微片一下（图⑥）。

4. 锅烧热，倒入一些蒜油，六成热时放入肚条翻炒，放入酱油和黄酒炒出香气（图⑦）。加适量热水，水面和肚条持平即可。放入白糖、盐、胡椒粉、几滴醋和炸好的蒜，再放一些蒜油，用中火烧六七分钟（图⑧），收汁后勾芡，出锅前再淋入一些蒜油即可（图⑨）。

◎蒜油不要用完，否则菜会太油腻。

◎芡汁无须太浓，有些许汤汁也可以。

◎醋放一点儿即可，不能让菜有酸味，其主要作用是去除异味并提香。

◎如果水不小心放多了，不要倒出，否则菜的味道会寡淡，多烧一会儿即可。

诀窍与重点

处理下水的方法

虽然下水给人以不干净、不健康的感觉，但很多人就好这一口。那么下水该如何处理呢？处理猪大肠和猪肚时要把里面的油去除干净，然后用醋和盐揉搓一会儿（用碱也可以），揉搓完用水冲洗干净即可。餐馆处理猪大肠和猪肚时多不会把里面的油去掉，否则分量就会减少一小半，不过肠油还是不吃为好。洗猪肺时将肺管对准水管，将猪肺灌满水，挤压后再次灌水，如此洗两三次就可以了。猪心和猪肝稍微用水浸泡一会儿即可。下水焯水时一定要多放葱、姜、花椒和二锅头，尤其是猪大肠和猪肚，否则异味不易去除。下水的洗涤和初加工就是这样，你学会了吗？

红烧狮子头

百吃不腻的纯荤菜

🐟 几个人围坐在饭桌旁无聊地等着上菜。过了一会儿，服务员给每个人上了一个盅。里面是什么呢？打开瞧瞧。掀盖，香气扑鼻，只见一个红亮的大肉丸摆放在其中。大肉丸很嫩，甚至在颤颤巍巍地晃动。筷子刚放到上面还没使劲儿便自行陷进去了。挑起一块放进嘴里，满口肥香，浓厚无比，入口即化。仔细咀嚼还可以吃到爽脆的荸荠，那感觉太美妙了！哦，这就是红烧狮子头！

主料	
五花肉	800 克
荸荠	200 克
鸡蛋	1 个

调料	
生抽	70 克
老抽	5 克
蚝油	20 克
黄酒	30 克
盐	18 克
冰糖	10 克
葱、姜、淀粉	适量

做法

1. 葱、姜切末，荸荠去皮洗净切末备用（图 ❶）。
2. 五花肉去皮切小粒（图 ❷），放 3 克盐拌匀，然后放入蛋液、葱末、姜末、少许黄酒和适量水淀粉（图 ❸），朝着一个方向搅至上劲儿（图 ❹）。

◉ 做狮子头的肉馅最好用刀切，不要用机器绞。刀切的肉馅做成的丸子炖出来口感松软无比，入口即化。如果用机器绞，肉会和筋膜连在一起，炖出的狮子头口感就不会那么松软。

◉ 可以将五花肉放在冰箱里冷冻 2 小时，待肉未完全冻实时再切会好切得多。切肉时先切成片，再切成丝，最后切成粒。

Tips
- 五花肉的肥瘦程度依个人喜好而定，不过建议选择半肥半瘦的，太瘦的肉口感发柴。这道菜讲究的就是那种肥香。
- 荸荠也叫马蹄，最好用新鲜的。

◎ 放完调料后一定要朝着一个方向多搅拌一会儿，使肉馅发黏上劲儿，这样在后面煎以及炖的过程中肉馅才不会散开。水淀粉的作用是让肉丸更紧实一些，不易碎。

3. 放入荸荠末（图❺），继续朝同一方向搅拌一会儿（图❻）。

◎ 一定要多搅拌一会儿以使馅上劲儿。

4. 大火将锅烧热后倒入少许油，转小火，用手抓一把肉馅团成团儿，用左右手来回倒一倒，使肉丸表面均匀光滑有黏性（图❼），全部做好后将肉丸放入锅中（图❽），转中小火，煎至肉丸表面呈金黄色即可（图❾）。

◎ 肉馅团成4个肉丸比较合适。团的时候要在手里倒三四十次才可以。只有让肉馅经过搅拌和团成团儿，才能保证炖到最后也不会碎。

◎ 待丸子全团好再煎，不过由于丸子比较大，放在盘子里容易变形，下锅之前还需要"整形"一次。

◎ 煎丸子的时候尽量不要搅动，否则丸子容易碎。需要翻面时先用铲子把4个丸子粘连的地方铲开，然后铲入丸子底部，用另一只手扶着丸子将其轻轻翻过去。

◎ 油炸要容易一些，但是这道菜的正宗做法是用油煎。油炸要求油温很高，而在高温下丸子表面会立刻变硬、变干，即使经过炖制口感也不好。

5. 砂锅中倒水，烧开，放入生抽、老抽、蚝油、黄酒、15克盐、冰糖、葱段和姜片，然后将丸子逐个轻轻地放入，大火烧沸，小火炖4小时（图❿）。

◎ 炖丸子时水量以没过丸子且能使丸子稍微漂浮起来为准。丸子放得越紧凑越好，这样水量不用太多就可以将其没过。否则水太多的话炖出来的丸子味道会比较寡淡。

◎ 漂浮的丸子会有一部分露在外面，这时需要用一个小盘子将其压住，使其全部浸泡在汤中，这样炖出来的丸子味道和口感才会一致。但是不要用太重的物品压，否则容易把丸子压碎。

◎ 最好用砂锅炖丸子。如果没有砂锅，可以用不锈钢锅。还要用文火炖，使汤保持微沸，否则容易将丸子炖碎。有时火已开至最小，汤还是沸腾得比较厉害，这时就需要找些辅助材料把锅垫高。火大容易过早地把汤汁炖干，而丸子有可能还没炖好。

6. 将炖好的丸子小心地捞出放在盘中，将汤汁倒入炒锅中烧沸，勾薄芡后浇在上面即可。

淮扬名菜

　　说起淮扬菜，大家可能比较容易联想到狮子头。我最早接触的菜系就是淮扬菜。那时年轻贪玩，没看清自己的梦想，没用心学艺，不过这道菜让我永生难忘。记得当时淮扬菜师傅做好狮子头后就去休息了，后厨只有我，于是我急三火四地从锅里取出一个放入口中。第一次吃到那么好吃的狮子头，我差点儿把舌头咽下去了，于是招呼其他人过来一起尝，大家都大为赞叹。后来当师傅再次烹制这道菜时，我就用心学习了一下。

第三章 "鲜"入为主

无论中餐还是西餐，

在口味上都极为重视"鲜"。

如果缺失了鲜味，菜品就会大为逊色。

在中国人的烹饪理念中，

咸味和鲜味常常是联系在一起的，

鲜味需要咸味来激发。

有些菜品如果咸味不够，就不能很好地体现鲜味。

很多菜品烹饪时需先让咸味充足，

然后用其他食材和调料来锦上添花。

本章中的菜品是以鲜为基础口味的。

准备进入"鲜境"吧！

熘肝尖

脆爽滑嫩

🐟 熘肝尖是比较古老的一道菜，陪伴着我们长大，这道菜脆爽滑嫩的口感和咸鲜的味道让人难以停箸。猪肝兼具补血与养颜的功效，木耳是很好的排毒食物，常吃可养血驻颜。这道菜用最简单的烹饪方法体现了食材最原始的味道。

1. 猪肝放入水中浸泡一会儿以去除血水和异味，泡好后捞出来沥水，切成 0.3 厘米厚的片备用（图 ❶）。

主料	
猪肝	250 克
黄瓜	100 克
木耳	适量

调料	
黄酒	10 克
酱油	15 克
米醋	2 克
白糖	5 克
干辣椒	2 个
盐、胡椒粉、香油	适量
葱、姜、蒜、淀粉	适量

原料

① ② ③ ④ ⑤ ⑥

◎ 猪肝不要切得太薄，否则容易炒老。

2. 木耳泡发，葱切马耳朵段，姜、蒜切末，干辣椒切段，黄瓜切片后加少许盐稍腌（图②）。

　　◎ 泡木耳最好用冷水；如时间不允许，可以用热水，最后一定要洗掉泥沙。黄瓜用盐腌一下再炒会很脆爽，腌出的水要沥去。

3. 调碗芡。将酱油、米醋、白糖、盐、黄酒、胡椒粉和淀粉混合后调匀，滴入几滴香油（图③）。

　　◎ 调碗芡时可以适当加一点儿水，5克左右即可，尽量将糖和盐搅拌至溶化。

4. 肝片中放入少许黄酒和淀粉抓至有黏性。锅烧热，倒油，油量要多些，四成热时放入肝片，中火滑熟盛盘（图④）。

　　◎ 给肝片上浆一定要与烧热油同时进行。如果过早上浆，肝片容易出水。
　　◎ 给肝片上浆时不用放盐，否则盐会使肝片中的水分析出，这样淀粉就起不到锁水的作用了，肝在滑油时就容易变老。
　　◎ 一定要用温油滑肝片（最高用四成热的油），因为后面还要炒。
　　◎ 肝片刚放入锅中时先不要翻动，等3秒左右，待肝片表面的浆受热凝固后再慢慢将其拨散。

5. 锅中留少许底油，放入干辣椒段（图⑤），待其呈棕红色后放入黄瓜片、木耳、葱段、姜末、蒜末，大火炒10秒钟，然后放入滑熟的肝片，翻炒5秒钟后倒入碗芡，翻炒均匀即可出锅（图⑥）。

　　◎ 木耳放入锅中后要快速翻炒，不然容易迸溅。
　　◎ 炒制的时间不是固定的，因为各家炉灶火力大小不一，应视情况而定。
　　◎ 碗芡倒入锅中后一定要翻炒均匀，否则淀粉会凝固。

老罗说菜

炒肝的味道

　　要说北京特色早点中比较有名气的当属炒肝了。炒肝的主要原料是猪大肠和猪肝，汤汁非常黏稠，里面有很多蒜末——既去异味又提香。比较正宗的吃法是用包子蘸点儿炒肝的汤汁，再蘸点儿醋和辣椒油，一口咬下去，里面是肉馅的汤汁，外面是炒肝的汤汁，那口感，绝了！

黄焖鸡翅

鲜香味美、酥烂脱骨

🐤 鸡翅的做法很多，不过常见的老是那么几种。有没有哪种做法能使之更鲜香呢？有没有更独特一点儿的做法能让鸡翅再"飞"一会儿呢？答案是肯定的。你只需添加几味纯天然的香料，就能让鸡翅更鲜香！

做法

1. 葱切段，姜切片。鸡翅洗净。锅中倒水，烧开后放入鸡翅和少许葱段、姜片、花椒，焯片刻（图❶），捞出备用。

    ◎仔细查看鸡翅上是否有毛，有的话一定要处理掉。

2. 锅洗净烧热，放入少许水和冰糖（图❷），炒至呈焦黄色（图❸）。

    ◎糖色颜色的深浅会影响成品的颜色。这道菜名为黄焖鸡翅，故糖色以焦黄色或者金黄色为宜；如果炒成红色，这道菜就该被称为红烧鸡翅了。所以炒糖色时一定要把握好火候。

3. 糖色炒好后，放入鸡翅，然后放入白芷、香叶、砂仁、小茴香、干辣椒、葱段和姜片，大火快速翻炒15秒（图❹）。放入酱油、黄酒和盐翻炒15秒（图❺），加热水，水面和鸡翅持平或者少一些均可。大火烧开，盖上锅盖小火焖20分钟（图❻），汤汁变少后大火收汁出锅（图❼）。

    ◎家中炉灶火力较小，开大火也无妨。但小心不要将糖色炒煳。
    ◎焖鸡翅时加水宁少勿多，可以用火力调控汤汁，如果汤汁较多就开大火；如果汤汁较少就开小火。焖的时候将鸡翅翻一次面，但是尽量少揭锅盖，否则香味会跑掉。鸡翅不要焖得太久。
    ◎汤汁收干后这道菜才会呈现金黄的色泽，才能散发浓厚的味道。

主料	
鸡翅	500 克

调料	
酱油	8 克
冰糖	15 克
黄酒	10 克
花椒	10 粒
白芷	2 片
香叶	3 片
砂仁	2 个
干辣椒	1 个
盐、小茴香	适量
葱、姜	适量

叁

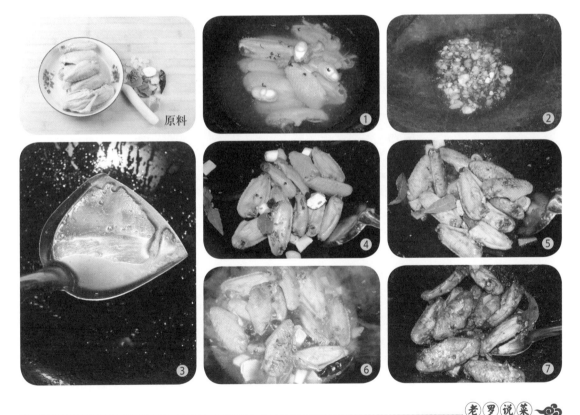

原料 ❶ ❷ ❸ ❹ ❺ ❻ ❼

老罗说菜

美食和批发市场

　　对喜欢做美食的我来说，家附近有一个大批发市场真是一件幸事，在这里天南海北的食材和调料几乎都可以找到。就食材来说，从最普通的芥蓝（从特别细的到墩布把儿粗的，有五六种之多）、菜心、丝瓜、苦瓜到做西餐用的带叶的小胡萝卜、小圆白萝卜、欧芹等都有。市场内还有专门的海鲜厅、猪肉鸡肉厅、牛羊肉厅、粮油厅等。调料更是齐全，尤其是香料，应有尽有。

铁板孜然羊肉

一口酥香、一口软嫩

孜然和羊肉永远是最完美的搭档，完美到随便提起其中一种就会让人想起另外一种。孜然香浓、羊肉软嫩，搭配在一起非常好吃。做成铁板孜然羊肉则更妙，既不会凉得太快，又很有气氛。我还在里面加了自己炸的油条，和孜然、羊肉搭配在一起。这道菜酥香软嫩，真是一级棒！

主料

羊里脊 ——————250 克
发好的面 —————1 小块
洋葱 ——————— 适量

调料

孜然、辣椒面、盐 —— 适量
香菜 ——————— 适量

做法

1. 羊肉顶刀切片（图），放少许盐抓匀，然后加水淀粉抓匀。

   ◎ 羊里脊的一面会有一层薄薄的筋膜和肥肉，如不喜欢可以去掉，我个人觉得很好吃。

2. 炸油条。将发好的面按压成长方形厚片，用刀切成小条，拉长一点儿，放入七成热的油中炸至呈金黄色（图❷），捞出切成细条备用。

原料

①

②

③

④

⑤

⑥

⑦

◎发面比较黏，"整形"的时候可在面上抹一点儿油。油条不用炸得太脆，因为后面还要再炸一下。

3.将炸油条的油晾至五成热，放入腌好的羊肉滑熟捞出（图③）。用小火加热铁板，将洋葱切成圈码放在上面（图④）。

4.将滑过羊肉的油大火烧至八成热，将油条放入，炸至酥脆（图⑤）捞出。

◎油条最好炸两遍，这样能使其口感更酥脆，即使放一会儿也不会很快变软。

5.将炸油条的油倒入碗中。锅洗净烧热，倒入一些干净的油，放入孜然和辣椒面，小火煸炒10秒钟（图⑥），放入滑好的羊肉和炸脆的油条，加盐，大火翻炒15秒（图⑦），最后放入香菜（切段）翻炒均匀，直接倒在烧好的铁板上即可。

◎炒孜然和辣椒面要用小火，否则容易煳。滑好的羊肉入锅前需要控去其中的水和油。

◎在铁板上放洋葱有两个好处，一是防止羊肉粘到铁板上，二是洋葱的香气和羊肉很搭，能起到提香的作用，洋葱放到热铁板上烤一下更香。

◎这道菜上桌前可以在上面淋一点儿热油，会进一步激发食材的香气。

叁

诀窍与重点

烹饪统筹学

烹饪非常考验统筹能力，因为你需要在短时候内干很多事情，比如不能让已经过初步加工的主要原料放的时间太长而变凉，以致影响菜的口感和味道。

例如，做这道菜时，油条要炸两次，羊肉要滑一次，顺序安排要科学合理。你最好先炸油条，然后将其切成小段，其间油温就能降至适合滑羊肉的程度，这时正好滑羊肉，捞出羊肉后再等一两分钟就可以复炸油条了。当然，你先复炸油条再滑羊肉也是可以的，不过炸好油条后需要等待油温降低，因为油温太高羊肉放进去容易变老，如果不想等可以往锅里再倒一些油，不过这样做稍嫌浪费。所以你得全面统筹，计划好每一步，才能又快又好地做好一道菜。

糖醋带鱼

新手零失败佳肴

带鱼的做法无非红烧、炖、干炸、糖醋等。带鱼肉质鲜嫩，营养价值较高，无论用前面列举的哪种方法做都很好吃，所以很受欢迎。糖醋带鱼味道质朴、本真，酸酸甜甜中带着海鱼特有的鲜味，是初学做菜的人也能驾驭的一道菜。

主料	
鲜带鱼	400 克

调料	
酱油	15 克
米醋	30 克
白糖	35 克
黄酒	10 克
大料	1 个
盐、胡椒粉、淀粉	适量
葱、姜	适量

做法

1. 带鱼处理干净，去头剁段（图❶），撒一些淀粉抓匀（图❷），葱切段，姜切片备用（图❸）。

   ◎将带鱼蘸些淀粉，这样炸的时候不容易粘锅。

2. 锅烧热，倒油，油量要比平常炒菜的稍多些，油八成热时放入带鱼煎至两面金黄出锅（图❹）。

   ◎煎鱼前一定要对锅进行防粘处理（方法见第8页）。
   ◎带鱼入锅后先不要动，煎10秒钟再动，否则鱼皮容易掉。
   ◎不要将带鱼段一次性全部放入锅中，应分次放入。

3. 将煎鱼的油倒掉，倒少许干净的油，放入葱段、姜片和大料中火煸出香气（图❺）。转大火，倒入酱油和黄酒爆香，加适量水烧开（图❻），放入白糖、米醋、盐和少许胡椒粉，再放入煎好的带鱼，盖上锅盖中火炖15分钟，其间翻一次面，最后收汁出锅（图❼）。

   ◎煎鱼的油经过了高温加热，性质已发生变化，不利于人体健康，而且有很大的腥味，不建议再次使用。
   ◎酱油一定要先在热锅里爆香，爆的瞬间会比较危险，要小心。
   ◎炖带鱼时水面和带鱼持平即可。

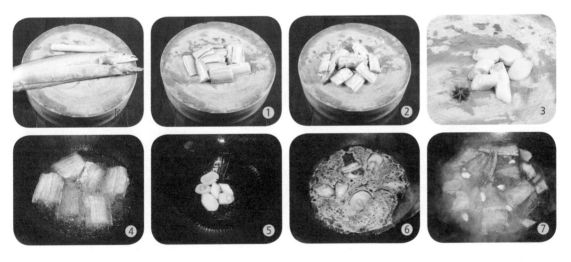

诀窍与重点

我的挑带鱼"心经"

我挑带鱼时喜欢找稍微窄小一些的，那些特别宽的我一般不选，因为那样的鱼肉里经常莫名地有硬疙瘩。鱼表面银白闪亮、用手按上去很结实的比较新鲜，一按一个坑的肯定不新鲜；眼睛比较透亮的肯定是好鱼，眼睛混浊代表不太新鲜，要是还有一层白膜那么必定不是好鱼；腹部的肉比较结实说明是好鱼，如果太软或破了，那是内脏烂了，肯定不新鲜。最后还要看"气质"，昂着头，龇着牙，用不屑的眼神"看"着你的一定是最新鲜的鱼。

家炖小黄鱼

口口鲜香回味深

小黄鱼在海鱼中算是味道比较鲜美的，而且只有一根主刺，肉是蒜瓣状的，小孩子稍微注意一下也可以吃。用最简单的方法炖出来的鱼味道往往最鲜香，也最容易让人产生亲近感。

主料	
小黄鱼	500 克
调料	
酱油	20 克
醋	15 克
黄酒	10 克
白糖	15 克
大料	2 个
盐、淀粉	适量
葱、姜、蒜	适量

1. 小黄鱼处理干净，晾干，撒一点儿淀粉抓匀（图❶）。

   ◎ 煎之前将小黄鱼晾干或者用厨房用纸将其表面的水分擦干，以免溅油。在鱼身上撒一些淀粉可以有效防止粘锅。

2. 葱切段，姜切片备用（图❷）。

3. 锅烧热，倒油，八成热时放入鱼煎至两面金黄出锅（图❸）。

   ◎ 煎鱼前一定要对锅进行防粘处理（方法见第 8 页）。
   ◎ 鱼入锅后先不要动，定形后再动，否则容易碎。
   ◎ 如果怕溅油可以盖上锅盖；不要将鱼一次性全部放入锅中，应分次煎。
   ◎ 鱼不可久煎，否则会变老。

4. 将煎鱼的油倒掉，倒少许干净的油，放入葱段、姜片、蒜瓣和大料中火煸炒出香气（图❹），倒入酱油爆香，加适量热水，放入黄酒、醋、白糖和盐（图❺），大火烧开后放入鱼，盖上锅盖中小火炖 15 分钟，最后大火收汁（图❻）。

   ◎ 加水前爆一下酱油可以增加香气。
   ◎ 炖的过程中要给鱼翻一次面。
   ◎ 收汁时要不停地晃动锅，因为鱼皮容易粘锅。

原料

1

2

3

4

5

6

诀窍与重点

小黄鱼的多种吃法

　　小黄鱼肉色雪白、肉质滑嫩，香气远胜过很多鱼类，深受大家喜爱。除了炖，干炸也是不错的做法。将鱼用花椒、大料、葱和姜略腌，蘸一些淀粉后用热油炸至外酥里嫩，然后蘸着花椒盐食用，味道非常鲜美。小黄鱼还可以用老北京焖酥鱼的方法制作，只不过最好将鱼头去掉，焖之前先煎一下以去腥，吃起来味道更胜一般的河鱼。此外，小黄鱼用四川干烧的方法制作也不错。只有想不到，没有做不到。让思路变得开阔，许多美味就会产生。

肉片烧茄子

地道的蒜香味茄子

🐋 这种烧茄子的方法是几年前我从一个当厨师的朋友那里学来的。这道菜其实不是真正意义上的烧茄子，而是炒茄子。可能有人会质疑这道菜的味道：能好吃吗？能进味儿吗？其实刚开始我也是这么想的，不过吃过后就改变了想法，比烧茄子还好吃。不信的话赶紧试试吧！

做法

1. 茄子去皮，切成 2 厘米厚的片，在两面均切十字花刀（图❶），然后切成小块备用（图❷）。

　◎花刀不用切得太深，半厘米左右即可，不然容易断。小块一定要切得稍微厚一些，否则炸完看起来会特别小。

主料

茄子	600 克
猪肉	100 克
尖椒	1 根
西红柿	适量

调料

白糖	5 克
酱油	20 克
黄酒	10 克
胡椒粉	少许
盐、香油、淀粉	适量
葱、蒜	适量

2. 猪肉切片，蒜拍一下，葱切马耳朵段（图❸），尖椒切三角块，西红柿切小块备用（图❹）。

　　◎ 蒜不要切碎，拍一下即可，这样炒出来味道更好。

3. 调碗芡。将盐、白糖、酱油、黄酒、胡椒粉、少许香油、淀粉和水混合后调匀备用。

　　◎ 尽量将白糖和盐搅拌至溶化。

4. 锅烧热，倒油，油量要多些，八成热时将茄子放进去炸至表面金黄（图❺❻），捞出控油。

　　◎ 炸之前在茄子上撒些淀粉拌一下，这样茄子会少吸些油。淀粉不要撒得太多，否则炒出来口感发黏。

　　◎ 将茄子盛出来后可以稍微压一压，将一部分油压出。

5. 将锅中的油倒出一部分，然后将肉片和拍过的蒜放入锅中过油后捞出和茄子放在一起（图❼）。

　　大蒜过油能更充分地释放蒜香。

6. 锅中留一点儿底油，放入葱段、尖椒和西红柿，大火煸炒15秒（图❽），然后放入茄子、肉片和蒜快速翻炒均匀，倒入调好的碗芡再次炒匀即可（图❾）。

　　◎ 全程一直用大火，碗芡要先搅匀再倒入锅中，否则淀粉易沉淀。

　　◎ 肉片也可以不过油，直接放到锅中炒，看个人喜好。

　　◎ 茄子入锅前应将盘中的油控一下。

Tip
● 最好选用圆茄子，配料可依个人喜好进行增减。

叁

老罗说菜

烧茄子——家的味道

　　小时候，家里做茄子很少过油，因为那时候油很金贵。一般是将茄子和肉片放入锅中直接炒，然后加水煮，最后出锅的时候放一点儿香菜和蒜末，就这样做的我照样能吃好几碗米饭。如今回想起来那种味道还是很诱人的，可是我却做不出来了。现在的食材经常做得浓油重味，记忆中的味道却很难再找回来。

肉末酱烧茄子

茄子不炸不成"器"

烧茄子天生招人喜欢，不知是因为那软软的、慵懒的曼妙身躯，还是因为裹在其身上的那一层诱人的薄汁。

肉末、酱和茄子融合后，酱香浓郁、咸鲜十足的烧茄子就会出现在你的面前。

做法

1. 茄子不用去皮，洗净切长条备用（图①②）。

2. 猪肉剁末；葱、姜、蒜切末（图③）；干黄酱加少许水调稀备用。

3. 锅烧热，倒油，油量要多些，八成热时放入茄条，大火炸至表面呈金黄色，捞出控油（图④）。

　◎一定要等到油热后再放茄子，否则茄子会吸更多的油，吃起来会非常油腻。

4. 锅中留少许底油，烧至温热后放入肉末煸散（图⑤），放入黄酱小火煸炒出香气（图⑥），然后放入葱末、姜末、蒜末煸炒片刻，再放入黄酒、酱油、白糖爆香（图⑦），加少许热水，烧开后放入炸好的茄条，中大火烧3分钟收汁，勾少许芡即可（图⑧）。

　◎一定要用温油煸肉末，油如果太热肉末会粘连成团。
　◎黄酱需要用小火炒出香气，炒的时候小心粘锅。
　◎烧的过程中尽量少搅动，因为茄子容易烂，只需晃动锅。
　◎一定要在放入茄子前放入所有调料，否则为了使调料均匀化开必须要搅动茄子，容易将茄子搅烂。
　◎勾芡是为了使汤汁和茄子尽可能地黏在一起，茄子烧得黏黏的才好。

主料	
长茄子	2根（约350克）
猪肉	100克

调料	
干黄酱	20克
酱油	5克
白糖	5克
黄酒	5克
葱、姜、蒜、淀粉	适量

Tips
● 最好用长茄子，因为长茄子口感绵软又不失韧性；尽量挑选直一些、籽少一些的。
● 猪肉肥一些可以使这道菜更香。

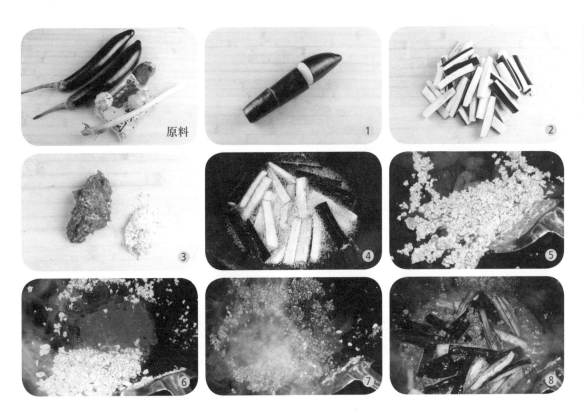

原料　　　　　1　　　　　2　　　　　3　　　　　4　　　　　5　　　　　6　　　　　7　　　　　8

老罗说菜

茄子和健康

　　茄子人们经常吃，做法以烧茄子居多。做烧茄子要先将茄子放到油中炸。有人可能觉得炸茄子费油又不健康。不过，要想吃到正宗味美的烧茄子，不炸还真不成。你要是觉得不健康可以少而精地食用。

东坡肘子

软而不烂的养颜佳品

幼时我极喜欢吃父亲做的东坡肘子，夹一筷子带着肥肉的肉皮放在米饭上，皮黄脂白，软软的，还混着些许浓汁，软糯甜香在口腔里无尽蔓延，让我"爱不释口"。每一粒晶莹的米饭一旦沾上汤汁，便得以"超生"，让我一碗接一碗地盛饭……

1. 肘子刮洗干净，用刀沿着骨头划一道小口。将肘子放入锅中，加入适量葱段、姜片（用量单计），盖上锅盖小火煮 20 分钟后捞出备用（图①）。

2. 取一半冰糖炒糖色，炒好后加少许热水调成糖色水（图②），倒入碗中备用（图③）。葱切段，姜拍破备用（图④）。

   ◎ 炒糖色时一定要用小火，否则非常容易煳，用冰糖炒的糖色颜色更亮。
   ◎ 往糖色里倒热水时要离远些，做好防溅准备，糖色的温度极高。

3. 煮好的肘子稍晾一会儿后去骨，晾干表面的水汽（图⑤）。锅中倒少许油，烧至七成热，将肘子皮朝下放入（图⑥）烙至呈金黄色（图⑦）。

主料

猪前肘 ························ 1 个
（约 1000 克，去骨后约 750 克）

调料

冰糖	80 克
盐	3 克
葱	50 克
姜	25 克
酱油	10 克
黄酒	50 克
花椒	10 粒

Tip

● 尽量用猪前肘，猪后肘骨头多、肥肉少，口感不好。

◎ 煮好的肘子去骨后若发现内部有些生也无妨，一多半熟就可以了。

◎ 烙肉皮时油不用放得太多，将肉皮烙至呈金黄色即可，一定要把肘子表面的水分晾干或者擦干。烙的时候开中火，最好戴上手套以防被烫伤。

◎ 把肉皮烙一下一是为了使颜色好看，二是为了使肉皮变得蓬松，这样炖完后口感更好。

4. 在砂锅内放一张竹篦子（图⑧）。在上面放上葱段和姜，再放入花椒和剩下的冰糖（图⑨）。皮朝下将肘子放入砂锅（图⑩），加热水至肘子的四分之三处，放入酱油、黄酒和盐（图⑪），烧开后转小火，盖上盖炖 3 ～ 4 小时，最后开大火收汁（图⑫）。

◎ 肘子和砂锅壁之间的缝隙越小越好，这样就不用加太多水，可以避免肉的香味被水吸走，汁也容易收黏稠。水没过肘子的四分之三即可。

◎ 用砂锅炖肘子时一定要用最小的火，因为砂锅非常储热，用最小的火汤汁也会沸腾。如果开大火很容易在肘子炖好前把汤汁炖干。

◎ 炖两小时后需要给肘子翻面；快炖好时需要再次翻面使肉皮朝下，中大火将汤汁收黏稠，甜香味即可出来。

◎ 肉下面一定要垫东西，不然肉皮很容易粘在砂锅上。如果没有竹篦子，用筷子或者鸡骨头之类的东西也可以。

5. 食用时先将肘子盛入盘中，再将汤汁里的葱、姜、花椒挑出，开火将汤汁再熬一下，如果觉得不够黏稠可以勾少许薄芡浇在肘子上。

闲话东坡肘子

　　我做的这道东坡肘子用的是四川做法，是从家中一本 30 多年前的川菜菜谱上学的。东坡肘子比较难做，尤其是在如今猪肉味儿不够香的情况下，更是难上加难，做出后必须有甜香的味道和软糯的口感才算成功。甜香味考验的是调味，软糯感考验的是火候，二者缺一不可。调味时最重要的是糖和肉的比例，糖放得少则甜味不够，糖放得多则吃起来像掉进了蔗糖堆，个中细节还需大家在实践中慢慢体会。

干煸牛肉丝

热食、冷吃两相宜

主料	
牛里脊	250克
芹黄	50克

调料	
干辣椒丝	3克
姜	10克
郫县豆瓣	25克
花椒	20粒
黄酒	10克
白糖	5克

干煸是川菜的一种烹调技法。用此法烹饪时要先将原料用油煸至酥香，然后放入豆瓣酱与干辣椒之类的调料炒出香味。成品口感酥脆咸鲜，麻辣味十足，是不可多得的美味。有些干煸菜还可以冷吃，如干煸牛肉丝就是这样的菜，可热食亦可冷吃，风味十足。

做法

1. 牛肉先切成 10 厘米长、0.5 厘米厚的片（图❶），排列整齐后再切成 0.5 厘米宽的丝（图❷）。

　◎ 做这道菜切牛肉丝时不能完全顺刀切，否则炒出来嚼不动；也不能完全顶刀切，否则炒一会儿肉丝就会碎掉，所以最好在顺刀切和顶刀切之间做折中处理——斜刀切。切的时候刀和肉的纹理呈 30°角比较合适，这样煵的时候肉丝不会碎掉，炒出来也能轻松嚼碎。选肉时尽量找纹理合适的，不然会出很多废料哦。

　◎ 牛肉丝不要切得太细、太短，因为煵的时间比较长，肉丝脱水后会变小，如果切得太细、太短，很可能煵到最后就变成蝌蚪那般大小了。

2. 芹黄切成与牛肉丝相同的丝，姜切丝，郫县豆瓣剁细备用（图❸）。

　◎ 芹黄又脆又嫩，口感极好，跟这道菜中的牛肉很搭。

3. 自制花椒面。花椒用小火干煵至呈棕红色盛出（图❹），晾凉后捣成末（图❺）。

　◎ 煵花椒一定要用小火。新鲜的花椒带有潮气，可以适当多煵一会儿；久置的花椒比较干，注意不要煵煳。花椒煵至呈棕红色要立即出锅，这样晾凉后才会比较脆，易捣碎。

4. 锅烧热，倒油，六成热时转中火放入牛肉丝煵炒（图❻），待牛肉丝熟透、水分少一些时转小火，继续煵，待牛肉丝中的水分很少、比较干松时（图❼），将牛肉丝拨至一旁，放入剁好的郫县豆瓣，煵出香气和红油后放入姜丝，和牛肉丝一起翻炒均匀，放入黄酒、白糖和干辣椒丝煵炒 2 分钟，然后放入芹黄丝炒 10 秒钟即可出锅（图❽），最后把花椒面撒在上面。

　◎ 因为煵的时间较长，非常容易粘锅，所以事先要对锅进行防粘处理（方法见第 8 页）。如果煵的过程中出现粘锅现象，应换锅煵，不然会影响味道。

　◎ 待牛肉丝煵干松后再放豆瓣酱及其他原料，否则牛肉丝无法煵至干酥且豆瓣酱易煳。全程宜用中小火。

　◎ 芹黄丝不宜炒得太久，其清脆的口感适宜用来解腻，如果炒得太久就会变软。

　◎ 加辣椒丝是为了起到增辣、提香的作用，更正宗一点的做法是将辣椒丝先在热油里过一下再用，如果感觉不够辣可以直接用辣椒面。

诀窍与重点

郫县豆瓣——四川家常菜的灵魂

　　提到四川家常菜，不得不提郫县豆瓣。它不仅是四川家常菜的重要调料，也是几乎所有川菜的灵魂。闻名世界的四川火锅更是少不了它，可见其在川菜中的地位。

　　郫县豆瓣主要是由鲜辣椒和蚕豆（四川人称之为胡豆）经发酵制成的，色泽红亮，味道厚重，香气浓郁，回味悠长。烹制川菜中比较有名的家常豆腐、干烧鱼、麻婆豆腐等时都要用到郫县豆瓣。

桃仁宫保虾球

辣中飘香的宫保菜

🐟 去皮的核桃仁用小火微炸后吃起来非常酥香。如果将其与虾球配在一起，再佐以酸甜的宫保汁和清香的鲜柠檬汁……轻轻地夹一筷入口，虾脆爽滑嫩、核桃仁酥得掉渣儿，满口都是果香，咸、甜、酸、麻、辣一起涌上舌尖，挺立味蕾之巅，瞬间让你觉得无比幸福。

做法

1. 虾去头去壳留尾巴，用刀把虾背划开挑去虾线（图❶），加少许盐和黄酒拌匀，将少许蛋清和淀粉调成糊放入虾球中抓匀（图❷❸）。

   ◎ 蛋清放一点儿即可，否则糊会太稀，虾球不容易挂上浆，过油时易脱浆。

2. 芥蓝取梗，用小刀在芥蓝梗两头切十字花刀（图❹），切好后用冷水浸泡便会卷曲成花（图❺）。

3. 核桃仁提前用开水浸泡（图❻❼），用牙签挑去皮，放入四成热的油中炸脆备用（图❽）。

   ◎ 核桃仁不宜浸泡得太久，只要将皮泡松即可，泡得太久了炸不脆。
   ◎ 炸核桃仁时油温不宜太高。核桃仁比花生米容易煳，也比花生米需要的炸制时间短，炸至表面金黄，用铲子铲起来一颗能发出哗啦声即可。

4. 葱切丁，姜、蒜切小片（图❾），鲜柠檬挤出15克汁，挤之前去籽（图❿）。

   ◎ 柠檬一定要用进口的，进口的味道更好。

主料	
大个的冰鲜虾	500克
（去头去壳后约250克）	
生核桃仁	70克
芥蓝	100克

调料	
小灯笼椒	15克
花椒	20粒
麻椒	20粒
姜	10克
蒜	10克
葱	50克
黄酒	10克
酱油	15克
白糖	20克
鲜柠檬汁	15克
盐、红油、淀粉	适量
蛋清	适量

叁

Tip
🦐 红油的制作方法见第17页。

5. 调宫保汁。碗中放入酱油、黄酒、白糖、鲜柠檬汁、适量盐和淀粉调匀（图⑪）。

   ◎尽量把糖、盐和淀粉搅拌至溶化。

6. 锅中加入适量清水、少许盐和食用油，水开后放入芥蓝焯一下，待水再次烧开即可捞出（图⑫）。

   ◎焯绿叶蔬菜时，在水里放点儿盐可以使蔬菜更绿、更鲜艳，而且能入底味；放点儿油可以使蔬菜色泽更亮。

7. 另烧一锅开水，倒入虾球，打散后立刻捞出控水。将水倒掉，锅中倒油，五成热时放入虾球过一下油捞出（图⑬）。

   ◎先用开水将虾球汆烫一下是为了使虾球表面的浆凝固。虾球放入水中后不要急于搅动，否则会将表面的浆搅下来，虾球脱浆后受热容易变老。

◎再过一遍油是为了去掉水汽，否则成品口感不好。

◎无论过水还是过油，都要遵循下锅一打散立刻捞出的原则，因为虾肉非常脆嫩，火候稍微一过就会变老，口感也会变差，过水或过油后熟度在八成左右最好，因为后面还要炒。

8. 锅烧热，倒入红油，量要比平时炒菜的稍多一些，先放入花椒和麻椒煸5秒钟，再放入小灯笼椒煸至呈棕红色（图⑭），然后放入虾球和姜片、蒜片翻炒均匀，接着放入葱丁和宫保汁快速翻炒均匀，最后放入核桃仁快速翻炒几下出锅（图⑮），配上芥蓝即可。

   ◎注意不要将花椒和辣椒煸煳。
   ◎炒的时间不宜过长，否则虾球会老。

诀窍与重点

当进口食材遇上中国菜

这道菜也算一道小小的创新菜吧？用柠檬汁代替了醋，用钟状的灯笼椒代替了细长的干辣椒。柠檬汁比醋酸，但没有那么浓的醋香味，能带来更多的果香味，灯笼椒没有细长的干辣椒那么辣，而且清香味更足。这道菜总体而言没有彻底颠覆传统，适合喜欢在味道上尝试创新的人。

鱼香虾球茄子煲

鱼香茄子的豪华升级版

软烂的茄子配上鱼香汁已然是美味，如果在里面再加入滑嫩、脆爽、鲜美的虾球，口感绝对会上一个层次，非其他做法的茄子能望其项背。那种一抿即化的口感和随之而来的海洋气息在口腔中冲撞，令你无暇顾及仪态举止，欢快地再添一碗饭，狼吞虎咽，吃个精光。

主料

长茄子	500 克
冰鲜虾	200 克

调料

泡椒	4 个
姜	15 克
蒜	15 克
香葱	20 克
黄酒	10 克
酱油	15 克
白糖	20 克
米醋	15 克
盐、蛋清、淀粉	适量

做法

1. 冰鲜虾去头、去壳洗净，加少许盐抓匀，将蛋清和淀粉调成糊给虾上浆（图❶）。
2. 泡椒剁细，葱、姜、蒜切细末（图❷）。
3. 茄子切长条（图❸）。锅烧热，倒油，油量要多些，八成热时放入茄子炸至呈金黄色捞出备用（图❹）。

   ◎炸茄子全程要用大火。家里炉灶火力小、锅小，放的油也少，所以建议将茄子分 3 次炸。如果一次全放进去，油温会立刻降低，茄子会吸很多油。

4. 茄子炸好后关火。将油稍微晾一会儿，将虾球放进去滑一下（图❺）捞出和茄子放在一起（图❻）。

   ◎炸完茄子的油稍晾一会儿就可以用来滑虾球了，不必换干净的油。

叁

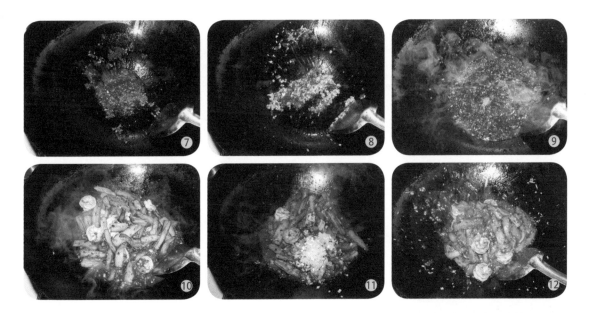

5. 锅中留少许底油，放入泡椒中小火煸炒10秒钟（图⑦），转大火，放入姜末、蒜末煸炒，倒入酱油和黄酒爆香（图⑧），加少许水、白糖、米醋和盐烧开（图⑨），最后放入茄子和虾球（图⑩），大火烧2分钟后放葱末勾芡出锅（图⑪⑫）。

◎ 泡椒一定要煸出红油和香气，去掉生辣椒味。

◎ 从煸泡椒开始，所有原料要严格按照顺序放入，这样不仅能使各种原料的熟度一致，还能使味道更富有层次。

6. 将做好的茄子倒在砂煲里，放在火上煲至开锅即可。

> *Tips*
> 🌿 葱的用量一定要比姜和蒜的多一些。因为葱最能激发泡椒的味道，形成浓郁的鱼香味。
> 🌿 最好选用四川泡姜，这种姜味道比生姜好得多，耐储存，还可生吃。
> 🌿 最好选用长茄子，这种茄子不易烂且口感软韧。

叁

炸虾的火候

　　虾非常鲜嫩、易熟，烹制时火候把握非常重要，宗旨是"宁生勿过"——宁可稍微有一点儿生也不能过火了，生了肯定也不好，但虾一旦烹制得过火口感立刻就会变得绵软，不再脆嫩，所以滑油时一定不能将虾完全滑熟，滑至八分熟左右即可，后面再炒一下就会全熟。

泡椒

　　四川人常用二荆条辣椒制作泡椒。这种辣椒香气很足而且不是很辣，颜色红亮，体长，非常适合做泡菜。用这种辣椒炒出的红油远胜过用其他辣椒炒的，味道极为鲜美香醇。

　　泡椒挑选方法：选择体长、椒尖略弯、颜色深红的。

　　泡椒去籽方法：取一个泡椒，切成5厘米长的段，用刀背按住泡椒的一头，轻轻平推向另一头，即可挤出大部分辣椒籽。不要太用力，否则泡椒会破，而且椒肉也会被挤出，这样就炒不出红油了。

罗生香辣虾

无辣不欢一族的福音

我和老婆都嗜香辣。虽然我吃完经常上火，老婆吃完经常过敏，可是我们依然痛并快乐着。老婆更甚，一盘香辣虾还没等我动筷已经被她"消灭"殆尽。

　　香辣虾，实属麻辣香锅的一种。这次我用另一种略微不同的方法来诠释麻辣香锅。

做法

1. 香料用冷水浸泡半小时后沥水（图①）；干辣椒用温水浸泡1小时后沥水；虾去虾须、虾枪和虾线后过两遍水然后沥水（图②）。
2. 泡软的干辣椒去蒂、去籽剁碎，郫县豆瓣剁细，葱切段，姜切片备用。
3. 炼油（图③）（方法见第43页"麻辣香锅"步骤3）。
4. 等炼好的油温度降低后，先放入香料小火煸炒15分钟（图④），炒出香气后放入郫县豆瓣、干辣椒、灯笼椒和紫草，煸炒10分钟（图⑤），放入豆豉、海米、冰糖、碎米芽菜、黄酒、醪糟、葱段、姜片和蒜煸炒15分钟（图⑥）。
5. 将虾放入炒料中，中火煸至红油表皮起小泡，然后小火慢煸使其入味，10分钟后即可出锅（图⑦）。

◎ 不用放盐，因为豆瓣和豆豉本身有咸味。
◎ 如果不太喜欢香料味，可以先煸炒豆瓣，再放入香料煸炒。

主料

鲜虾	750 克

香料

排草、川芎、草果、大料、桂皮、陈皮、香叶、肉蔻、白芷、白蔻、山柰、良姜、砂仁、草蔻、荜拨 —— 各3克
花椒、麻椒 —— 各8克

调料

紫草	1 克
干辣椒	20 克
灯笼椒	15 克
郫县豆瓣	40 克
豆豉、海米	各5克
碎米芽菜、冰糖	各15克
黄酒、醪糟	各10克
葱、姜、蒜	适量

特别用油

猪油、鸡油	各100克
牛油	200克

①

②

③

④

⑤

⑥

⑦

诀窍与重点

川菜之油和香料的运用

　　传统川菜在油和香料的运用方面非常讲究，在此略提一二。

　　菜籽油是川菜中使用得最多的油。菜籽油是四川当地的特产，香气大，而且比一般食用油黏稠，可以很好地包裹食材，用菜籽油做的菜味道更浓厚，用四川话讲就是更"巴味"——挂味。但是菜籽油大多有股生油味，不适合直接用于凉拌，需要经过加热方可用于凉拌。川菜中使用得最多的荤油是猪油。猪油和菜籽油各用一半炒出的菜非常香，烹制如宫保鸡丁、鱼香肉丝之类的菜肴时皆可如此，而且动物性油脂非常黏稠挂味。牛油和鸡油的运用主要体现在火锅底料和香辣红油料上，香气十足且红亮黏稠。这些油的使用在川菜中非常重要。

　　香料在川菜中主要用来做卤水、火锅底料和香辣红油料。如果不加香料，卤水只能被称为酱油汤，而火锅料也只是徒有其表的红油，既没有香气也没有味道。所以说香料的使用在川菜中也是举足轻重的。

吉列咖喱猪排

过油而不油腻的异域风开胃菜

中国最博采众长的菜系莫过于粤菜。这道菜在粤菜的基础上对西餐及东南亚一带的烹饪方法稍加改良，配以本地的新鲜食材，成就了一道中西结合的经典之作。此菜外面的面包糠酥香，里面的猪肉软嫩、咖喱味浓，蘸上酸甜的酱汁，非常开胃。

 做法

1. 葱切末，姜切丝，放入碗中加水浸泡（图❶）。另取少许姜和蒜，切末后和咖喱粉一同放入碗中，将少许油烧至六成热后淋在上面，搅匀（图❷）。

   ◎葱姜水是用来腌肉的，水刚没过葱和姜即可，否则味道会变淡。
   ◎姜末、蒜末和咖喱粉放在一起淋上热油会使香气释放得更充分。姜、蒜和咖喱味道非常搭。

2. 猪肉顶刀切成 0.8 厘米厚的片，用刀背将肉片拍薄备用（图❸❹）。

   ◎用刀背拍可以使肉的纤维变松，腌制时会更容易入味，也可以用一种叫松肉锤的工具敲。

3. 面包掰开，来回摩擦两个断面，擦出面包糠（图❺），擦好一盘备用（图❻），面包皮可以直接吃掉。

主料	
猪小里脊	250 克

调料	
原味面包	1 个
番茄沙司	40 克
白醋	30 克
白糖	40 克
鸡蛋	2 个
盐、咖喱粉、淀粉	适量
葱、姜、蒜	适量

原料 1 2 3 4 5 6 7 8 9 ⑩

4. 肉片加少许盐抓匀，分次倒入葱姜水，边倒边搅拌，直至肉片"吃"饱水，倒入咖喱糊搅匀备用（图❼）。

◎ 葱姜水要一点一点地倒，不能一次全部倒入。
◎ 尽量不要将咖喱糊上的油倒入肉中，只捞较稠的部分即可。

5. 鸡蛋打散，淀粉、面包糠分别放入两个盘子中备用（图❽）。另备一个空盘子，在肉片两面先蘸满淀粉，再蘸满蛋液，最后蘸满面包糠，要拍结实一些，将处理好的肉片放入空盘中（图❾）。

◎ 按上述顺序挂糊可以最大限度地锁住肉片中的水分。
◎ 蘸了面包糠的肉片尽量不要摞在一起，否则容易把肉中的水分挤出来。

6. 锅烧热，倒油，六成热时放入肉片，中火炸至表面金黄捞出（图⑩）。

◎ 油温要控制好，油太凉的话面包糠会吸很多油，而且容易掉；油太热的话面包糠容易炸糊，而里面的肉可能还没熟。如果对油温没有把握，可以先放入一小块儿肉试一下。
◎ 因家中锅小，放的油也少，肉片放进去后油温降得较快，所以油七成热时放入肉片也可以。肉片要一片一片地放。另外，不要一次性炸太多，最好分 2 ～ 3 次炸。
◎ 不要将肉片炸至呈你希望的颜色再出锅，因为出锅后温度还是很高的，最后的颜色一定会比你想要的深，因此最好在肉片似到还未到金黄色时捞出，如此最后的颜色一定会令你满意。

7. 锅烧热，倒入少许油，放入番茄沙司小火煸炒片刻，放入白醋、白糖和少许盐，烧开后倒入小碗内用作蘸料。

Tips
❀ 一定要用原味面包。
❀ 面包糠有成品出售，但是在一般超市较难买到，批发市场和网上商店可以买到。自己用面包制作的面包糠更健康、更安全。
❀ 猪小里脊是猪身上最嫩的一小条肉，比通脊更嫩。
❀ 咖喱粉的用量对菜的味道没有太大影响，依个人口味而定，因此未给出具体用量。

叁

诀窍与重点

咖喱

咖喱源于印度，后风靡东南亚，成为当地的主要调料之一。日本人也酷爱咖喱，只不过日本咖喱与东南亚咖喱相比更为柔和，味道不是特别浓厚。东南亚咖喱香料味太过浓烈。咖喱是用很多种香料配制而成的，不同的厨师做出的咖喱味道各异。使用咖喱制作菜肴时放入一些洋葱、姜和蒜等可以锦上添花，再佐以椰浆、淡奶，口味更是醇厚无比，让人不忍停箸。

蚝油牛肉

举一反三的百搭菜

🐋 　几片牛肉，几根芥蓝，就可以让一顿午餐变得丰盛。用蚝油炒过的牛肉有一丝淡淡的海洋气息，芥蓝脆生的口感和略苦的味道可以使我们在吃过牛肉之后感觉到口齿清新，二者真是绝佳搭配。

主料	
牛里脊	250 克
芥蓝	200 克

调料	
生抽	6 克
老抽	3 克
蚝油	10 克
糖	10 克
黄酒	5 克
盐、胡椒粉、淀粉	适量
姜、蒜	适量

做法

1. 牛肉顶刀切片（图❶），加少许黄酒和盐抓匀，然后加水淀粉拌匀；芥蓝削去老皮（图❷）；姜、蒜切末备用。

2. 锅中倒水，烧开后放入盐、糖、少许油和芥蓝，水再次烧开后等半分钟即可将芥蓝捞出控水装盘（图❸）。

　◎ 焯芥蓝时不用放太多水，能没过芥蓝即可。如果芥蓝很粗，可以将其剖开，或者适当延长焯水时间。

　◎ 在水中放糖是为了中和芥蓝的苦味，放盐是为了使芥蓝入味并看起来更绿，放油是为了使芥蓝有光泽并帮助保温。

　◎ 芥蓝焯过水就可以吃了。焯的时候放过调料了，所以无须再炒。

3. 将锅里的水倒掉，锅洗净烧热，倒油，油量要多些。待油五成热时放入腌好的牛肉（图❹），滑熟后捞出（图❺）。

　◎ 牛肉入锅后先不要搅动，等一两秒待肉片上的浆凝固后再搅动，这样可以防止肉片脱浆。

　◎ 牛肉滑得稍微生一点儿也无妨，后面还要炒。

4. 锅中留少许底油，放入姜末、蒜末，大火煸炒出香气（图❻），放入滑好的牛肉和黄酒翻炒几下（图❼），转小火，放入生抽、蚝油、老抽和少许胡椒粉，大火翻炒均匀（图❽），勾少许薄芡后盛在芥蓝上即可。

　◎ 放调料时一定要转小火，不然容易煳锅。可以提前将调料全部放入一个小碗中一起倒入锅中。

　◎ 炒牛肉的时候不用放盐，因为生抽、蚝油等调料本身有咸味。

　◎ 老抽主要起上色的作用，一定要少放，因为生抽和蚝油本身也有颜色。

原料　1　2　3　4　5　6　7　8

诀窍与重点

蚝油类菜肴

　　用蚝油可以制作很多菜肴，如蚝油鸡片、蚝油鱼柳、蚝油虾球等，也可以搭配时令蔬菜，如西芹、菜心、芥菜、西蓝花等。蚝油类菜肴做法非常灵活，会在不经意间给你很多灵感。

豉汁干葱爆鸡球

体验豉汁的美妙滋味

🐦 广东人习惯将去骨的鸡肉块或厚鸡肉片称为鸡球。鸡球与广东豉汁同炒，出来的味道确实不一般。鸡肉像是被赋予了灵魂，肉香并着豉香，入口软嫩滑爽，满口生香，用来拌饭再好不过了，保准让你一碗接一碗，将减肥的念头抛到脑后。

做法

1. 鸡腿去骨，剁成小块，加少许黄酒和盐抓匀，然后放入少许淀粉抓匀（图❶）。干葱去皮和根蒂，姜、蒜切末备用。

2. 锅中倒油，油量要多些，五成热时放入鸡球滑10秒钟（图❷），转大火放入干葱滑10秒钟，捞出控油备用（图❸）。

   ◎ 鸡肉滑10秒钟后达到六成熟，转大火放入干葱滑10秒钟后鸡肉就九成熟了，干葱的香气也出来了。
   ◎ 干葱必须用油滑一下，比直接炒的味道好。要提前对锅进行防粘处理（方法见第8页）。

3. 锅中留少许底油，放入姜末、蒜末和豉汁中火煸香（图❹），倒入黄酒，转大火，放入鸡球和干葱翻炒均匀（图❺），再放入蚝油、白糖、胡椒粉和老抽翻炒（图❻），加少许水大火烧1分钟即可勾芡出锅（图❼）。

   ◎ 豉汁是炒过的，所以煸几下即可，不宜久煸。
   ◎ 黄酒要和鸡球一起用大火爆香。
   ◎ 老抽主要起上色的作用，放一点儿即可。
   ◎ 烧鸡球时水不宜多，够烧1分钟即可。

主料	
鸡腿	350 克
（去骨后约 250 克）	
干葱	150 克

调料	
豉汁	20 克
黄酒	10 克
白糖	5 克
蚝油	10 克
老抽、胡椒粉、盐	适量
姜、蒜、淀粉	适量

Tips
🔥 干葱是一种个头非常小的洋葱，味道比大洋葱清甜又不失洋葱味。如没有干葱，可用洋葱代替。
🔥 豉汁的制作方法见第59页。

叁

原料　1

❹

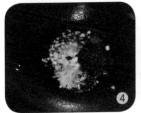

❺

❻

❼

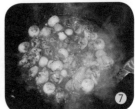

诀窍与重点

粤菜之酱汁

　　粤菜最讲究的就是酱汁。如果撇开这个不谈，粤菜的特点怕是要大打折扣。粤菜做起来看似简单快速，实则因为很多工作都是提前做好的，这是粤菜融合了西餐的很多烹饪方法的结果。现在很多厨师的创新菜多是建立在使用粤菜酱汁的基础上的。复杂但味美的菜肴层出不穷，各种香气刺激着我们脆弱的"减肥神经"。让酱汁来得更猛烈一些吧！

南煎丸子

鲜美可口的名小吃

🐦 南煎丸子是一道非常有名的鲁菜，味道浓郁，口感香嫩。南煎丸子中的丸子比较扁，不像其他菜品中的丸子那么圆，因为这种丸子不是炸的而是煎的，在煎的过程中会接触锅底，因此会扁一些。此南煎丸子参照了淮扬狮子头的做法，往肉馅中添加了一些荸荠末，吃起来口感更丰富。

1. 荸荠去皮洗净，剁碎。葱、姜切末。五花肉去皮剁馅（图❶），放入 5 克酱油、4 克盐、5 克黄酒、适量葱末、姜末和鸡蛋（图❷），拌匀后放入剁碎的荸荠碎（图❸），朝同一方向搅拌均匀。

　◎调肉馅时一定要先放入水性原料，待肉将其吸收后再放油性原料如香油、鸡蛋等。如果先放油性原料，肉表面就会被封住，将无法吸收水性原料。
　◎要想使丸子不散开，需要朝同一方向将肉馅多搅拌一会儿，但不宜搅拌太久，否则口感会不够松散。

2. 将肉馅挤成比乒乓球小一些的丸子。锅中倒入少许油，六成热时放入丸子（图❹），中小火煎至焦黄（图❺）。

　◎煎丸子时要用中小火。如果用大火煎，丸子可能表面煳了里面还未熟，不好定形，蒸的时候容易散开。
　◎此处的丸子要煎。炸出来的丸子表面较紧，没有煎出来的丸子口感松软，而且煎丸子比较省油，丸子在煎的过程中还会出油。
　◎放生丸子的盘子中要适当抹一点儿油，否则生丸子会粘在盘子上。

3. 将煎好的丸子盛入碗中，放入大料、干辣椒、适量葱段和姜片（图❻）。锅烧热，倒适量水，水开后放入 15 克酱油、2 克盐、5 克黄酒、5 克白糖、1 克醋、少许香油和胡椒粉，烧开后倒在丸子上，量以没过丸子为准，上锅蒸 1 小时（图❼）。

　◎一定要等水开了再放酱油等调料，否则味道会不好！
　◎如果使用的是高压锅，蒸 20 分钟即可。

4. 蒸好后将葱段、姜片、大料和干辣椒挑出，将丸子码在盘中，再将碗中的汤汁倒进炒锅，烧开勾芡后淋在丸子上即可。

主料

五花肉	500 克
（肥四瘦六）	
荸荠	5 个

调料

鸡蛋	1 个
酱油	20 克
白糖	5 克
黄酒	10 克
大料	2 个
醋	1 克
干辣椒	1 个
盐、香油、胡椒粉	适量
葱、姜、淀粉	适量

Tips
　◆肥肉不能太少，否则不香。
　◆最好用鲜荸荠，袋装的那种去皮后泡在水里的加有防腐剂。

叁

诀窍与重点

荸荠的吃法

　　荸荠口感清甜、脆爽，既能当水果吃，也能当蔬菜吃，深受小孩子的喜爱。荸荠作为配料效果非常理想。淮扬的红烧狮子头中如果不放荸荠，就会缺失那一丝清新的感觉，味道会大打折扣。荸荠性寒，有药用价值，熟水喝可以败火清毒、消食醒酒。炒荤菜时在里面加点儿荸荠片，口感立刻会得到提升。

京酱肉丝

细心成就浓郁酱香

京酱肉丝是一道传统京菜，把甜面酱炒香后放入肉丝翻炒，就着葱丝和豆腐皮，吃起来口感确实不错。又凉又筋道的豆皮中裹着酱香浓郁的滑嫩肉丝，葱白清爽的辛辣气"中和"了油腻感，清香的黄瓜，多汁的红椒，这一切使京酱肉丝吃起来层次丰富，味道超好。两口下肚，再卷一个，那阵势绝不逊于吃北京烤鸭。

主料	
猪里脊	250 克
黄瓜、葱白、红椒	适量
豆腐皮	适量

调料	
甜面酱	30 克
白糖	15 克
盐、黄酒、姜、淀粉	适量

做法

1. 黄瓜、葱白和红椒切丝码盘。
   ◎一定要用葱白。

2. 姜切丝，猪里脊切筷子粗细的丝，加少许盐和黄酒略腌，放入水淀粉拌匀备用（图❶）。

3. 锅烧热，倒油，油量要多些（以能没过肉丝为准），五成热时转小火，放入肉丝，用筷子快速拨散（图❷），肉丝变色后立刻捞出。肉丝从入锅至出锅用时约 10 秒钟。
   ◎肉丝滑得宁生勿老。稍微生一些没关系，因为后面还要炒，但要是炒老了口感就会变差。
   ◎用筷子可以很快拨散肉丝，使其不至于粘连成团。用其他工具的效果不及筷子。

4. 锅中留一些底油，放入甜面酱，小火煸炒出香气（图❸），放一点儿黄酒炒 10 秒钟左右（图❹），然后放入白糖和姜丝再炒半分钟，炒至酱看起来有光泽（图❺），最后倒入滑好的肉丝（图❻），中火翻炒均匀即可出锅（图❼）。
   ◎甜面酱刚放入锅中煸炒时会结团，不必惊慌，炒一会儿放入黄酒后就会散开。
   ◎甜面酱甜中带咸，所以还是要放糖。
   ◎黄酒和姜丝起的是去除酱的生涩味和提香的作用。
   ◎如果加入黄酒后感觉酱还是特别稠可以再加一点儿水，不过通常不用加，如果酱太稀这道菜就失败了。
   ◎酱炒到一定程度会变得比较亮，这是酱炒得最好的时候。
   ◎炒酱时油不能太少，除酱以外要能看到油，不能看上去只有酱没有油。

原料　1　2　3
4　5　6　7

诀窍与重点

甜面酱的选择

甜面酱有很多种，不过按颜色和味道总体可分为两种：一种又黑又咸，酱味比较浓郁；还有一种颜色较浅、味道适口，酱味没有前一种浓郁。做菜的时候要区别对待。颜色深、味道咸的甜面酱，首先在用量上就要少些，其次糖要稍微多放一些，可以适当加一点儿水；颜色浅、味道适口的甜面酱则可以多放一些，糖要少放一些，不必加水。一定要看清楚是哪种酱再着手做。

葱爆羊肉

可以快速出锅的美味

葱爆是羊肉最家常的做法之一。羊肉滑嫩，葱香浓郁，汤汁中蕴含着葱香和羊肉的味道，入口后令人无比满足。

做法

1. 羊肉顶刀切片（图❶），放少许盐抓匀，然后加水淀粉抓匀，最后放入少许蛋液抓匀（图❷）。蒜切片备用。

   ◎ 羊里脊的一面会有一层薄薄的筋膜和肥肉，如不喜欢可以去掉，我个人觉得很好吃。

   ◎ 羊肉要切得稍微厚一点儿，切得太薄炒的时候容易碎。

2. 大葱切马耳朵片备用（图❸）。

3. 锅烧热，倒油，放入干辣椒炸至呈棕红色（图❹），然后放入羊肉片和蒜片炒至羊肉片变色（图❺），加黄酒、酱油、盐、白糖和胡椒粉翻炒均匀，放入大葱炒10秒钟即可出锅（图❻）。

   ◎ 不要将干辣椒炸煳，否则菜会有苦味。

   ◎ 爆炒必须全程用大火。

   ◎ 大葱不宜久炒，出锅后挺拔一些更好。

   ◎ 炒的过程中可能会出汤，可以在最后勾一点儿芡。

   ◎ 因为是直接炒生羊肉，所以油的用量要比平时炒菜的稍微多些，而且要提前对锅进行防粘处理（方法见第8页）。

主料

羊里脊	200克
大葱	1根

调料

干辣椒	2个
黄酒	10克
酱油	15克
白糖	10克
鸡蛋	1个
盐、胡椒粉	适量
蒜、淀粉	适量

Tips

❧ 做这道菜最好选用羊里脊或羊后腿，这两个部位的肉最嫩，适合爆炒。

❧ 这道菜中的大葱要用葱白，所以要选葱白长的。

叁

1

2

3

4

5

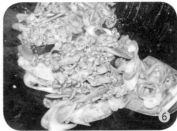
6

诀窍与重点

另一种葱爆羊肉

我们吃涮羊肉时经常会剩羊肉片。如果不想再涮着吃，该如何处理呢？可以用其做葱爆羊肉。这样处理不仅简单省力，而且爆炒完味道也不错，最重要的是稍微多炒一会儿也不怕咬不动，因为羊肉片非常薄，对火候要求不高。这对厨艺较差的人来说是个福音。爆炒方法同上，你不妨一试。

抓炒鱼片

"老佛爷"都赞不绝口

何谓"抓炒"？就是将淀粉、水和油等搅在一起调成糊，用手抓至上劲儿，然后用主料蘸糊炸至酥脆，再放入酸甜汁翻炒几下，口感外焦里嫩，糖醋喷香。清代宫廷菜有著名的"四大抓炒"，分别是"抓炒鱼片""抓炒里脊""抓炒腰花""抓炒虾仁"。这些都是相当"横"的美食，一定能让你过足嘴瘾。

主料	
鲈鱼	600 克

调料	
酱油	10 克
米醋	30 克
白糖	40 克
玉米淀粉	150 克
自发粉	15 克
盐、熟芝麻	适量

做法

1. 鱼清理干净，将肉剔下来切成稍厚的片（鱼片切法见第14页）（图❶），用少许黄酒、葱和盐稍腌（图❷）。

   ● 鱼片要切得稍微厚一些，因为外边裹的糊比较厚，如果鱼片太薄，食用的时候会感觉吃的全是面糊。

   ● 腌鱼片时无须加蛋清和淀粉，因为后续要挂糊。

2. 调糖醋汁。碗中放入酱油、米醋、白糖、盐和淀粉搅匀，尽量把白糖搅拌至溶化（图❸）。

   ● 糖醋汁中无须加太多淀粉，太黏的话不容易均匀地挂到鱼片上，可以

Tips

● 调糊最好选用玉米淀粉，这样炸好后口感不会很硬。

● 自发粉能起到酥脆的作用，非常重要。

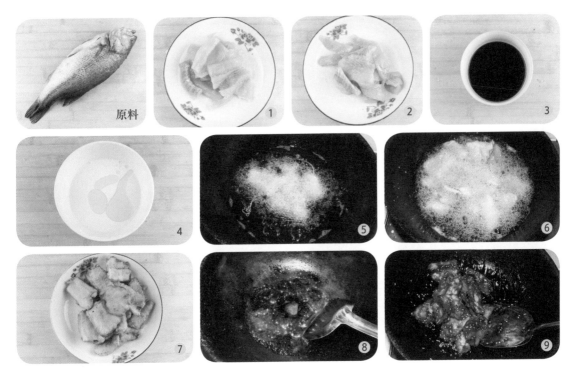

原料 　1　2　3　4　5　6　7　8　9

稍微稀一点儿。如果把握不好淀粉的用量，可以先不加淀粉，等炒汁时再一点一点地放水淀粉。

3. 调糊。大碗中放入玉米淀粉和自发粉，一点一点地加水调开，抓匀后放些油接着抓，直至看不见油（图④）。

◎ 调糊的时候要一点一点地加水，切记别调稀了。如果稠了还可以加水，如果稀了又得加淀粉和自发粉，比例就不好控制了。

◎ 糊要调到用手抓时需要使点劲儿才能抓起来。淀粉糊成条地往下流说明可以了，要是一滴一滴地滴落说明调稀了，要以能挂在鱼片上为准。

◎ 开始抓的时候会感觉比较硬，多抓几次就会感觉糊变得滑润了，说明抓上劲儿了，这时候就可以用了。

4. 锅烧热，倒油，油量要多些，八成热时将鱼片倒入调好的糊里蘸糊，再将鱼片一片一片地放进油里炸（图⑤），定形后捞出，待油再次烧至八成热时将炸好的鱼片再次放入（图⑥），炸至表面金黄、焦脆出锅（图⑦）。

◎ 挂糊的鱼片要用大火、高温油炸才能定形，才会酥脆。

◎ 如果只炸一次，鱼片的酥脆感会不够，因为鱼片是凉的，放入锅中后油温会降低，所以初炸只是为了使鱼片定形和升温，复炸才会酥脆，而且酥脆感会比较持久，不至于刚上桌还没吃就变软了。

5. 将油倒出，锅洗净烧热，将调好的糖醋汁搅匀后倒入锅中，待汁变得黏稠后加一些炸鱼片的热油快速搅动（图⑧），倒入炸好的鱼片快速翻炒均匀，撒上熟芝麻即可出锅（图⑨）。

◎ 在糖醋汁里加一些热油是为了使糖醋汁的保温效果更好，并使成品看上去更有光泽。

老罗说菜

"抓炒"的由来

据传慈禧每天吃山珍海味感觉非常烦腻，有一天她突然吃到了一道菜——酸酸甜甜、外酥里嫩，令她赞不绝口，于是她让李莲英将做这道菜的御厨王玉山传来，想知道这道菜叫什么名字。御厨当时尚未给这道菜起好名字，面对慈禧的询问突然想起自己在调糊的时候是用手抓来抓去的，于是急中生智，战战兢兢地告诉慈禧这道菜叫"抓炒鱼片"，慈禧对其大加奖赏。

从此，"抓炒"菜就在京城落地生根了，并受到无数美食家的喜爱，"四大抓炒"也因此而闻名。

黑椒柠檬煎鸡扒

私房西餐之创意民族风

🐦 这是用西餐的烹饪方法制作的一道菜。用柠檬、洋葱、黑胡椒、大蒜片腌制的鸡肉充满异域风情。鸡用的还是中国的鸡，味儿却蛮像西餐那么回事儿。忙里偷闲煎一份黑椒柠檬鸡扒，再来一杯中国自产的干红，这冒充小资的日子过得依旧悠闲、滋润。

 做法

1. 鸡腿去骨（方法见第12页），用刀尖扎一二十下备用（图❶❷）。

   ◎ 用刀尖扎去骨后的鸡腿的内侧，不要扎鸡皮那一面。这样做一是为了使鸡腿上的筋断掉，使鸡腿在煎制时不会缩成团，二是为了能更好地入味。

 **主料**

鸡腿	2 个
（去骨后约 400 克）	

 调料

洋葱	半个
进口柠檬	1 个
蒜	20 克
橄榄油、盐	适量
黑胡椒碎	适量

原料

2. 柠檬切成 4 块，洋葱切丝，蒜切片备用（图❸）。

◎柠檬用一半左右即可，口味重的可以多用一些。

3. 腌鸡腿。取一个大碗，用部分洋葱丝和蒜片垫底（图❹），在鸡腿肉内侧均匀抹上柠檬汁，并均匀地撒些盐和黑胡椒碎，皮朝上放在洋葱丝和蒜片上，再在鸡皮上抹上柠檬汁，撒上盐、黑胡椒碎（图❺），最后撒上洋葱丝和蒜片，按此顺序将另一片鸡腿肉码放在上面（图❻）。宗旨是使鸡腿两面都有调料。码好的鸡腿肉最好腌一夜，最少也得腌两小时。

◎挤柠檬前将柠檬籽去掉。

4. 大火将锅烧热后倒入少许橄榄油，将鸡肉皮朝下放入锅中（图❼），煎至鸡皮金黄，转小火并翻面，煎六七分钟即可（图❽）。

◎必须先用大火将鸡皮煎一下，如果用中小火，鸡皮无法很好地上色，看起来会让人没有食欲。

◎在煎制过程中如果想判断鸡肉的生熟，可以用小刀扎一下，鸡肉如果熟了，很轻松就能扎进去。鸡肉不宜久煎，否则会变柴。

Tips

◈柠檬一定要用进口的，进口的柠檬味道更好。
◈黑胡椒碎可以买现成的，也可以买整粒的自制。

叁

诀窍与重点

柠檬

　　柠檬主要有青柠檬和黄柠檬，有国产的，也有进口的。进口柠檬主要有澳洲柠檬、美国柠檬和南非柠檬等。国产柠檬香味较淡，有些甚至没什么味道，所以无论是做菜还是榨汁，最好选用进口柠檬。我个人感觉澳洲柠檬味道最好。用指甲划一下澳洲柠檬那特别粗糙的柠檬皮，迸发出来的味道让人感觉清爽无比。

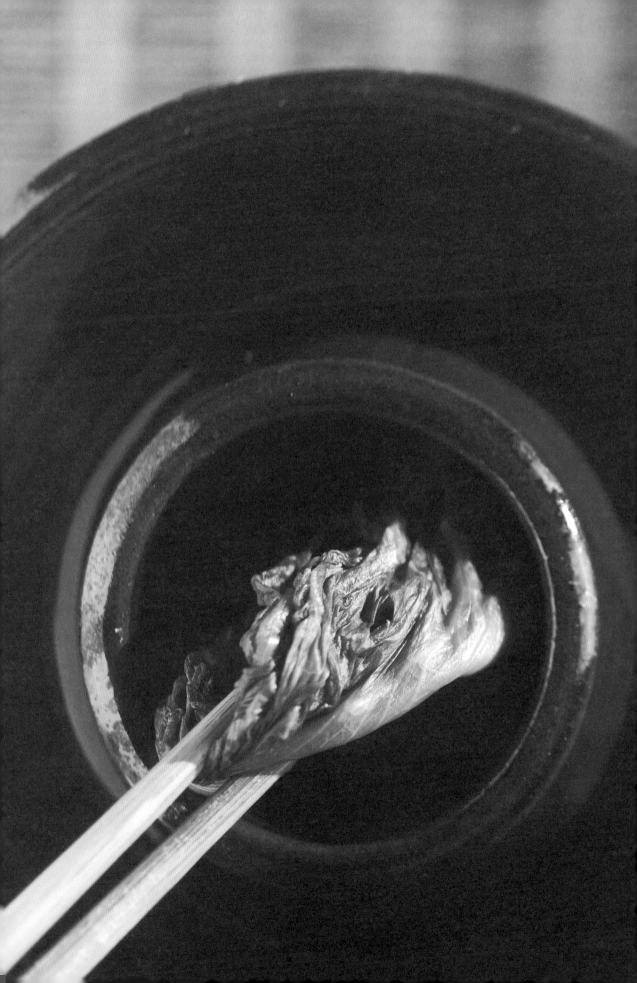

第四章　淡而有味

淡并不代表无味，

淡其实是一个非常深邃的表达方式。

对美食而言，淡是一种境界，

是赏味的中庸之道，是初始无味，

但越品越醇厚，让人久不能忘的感觉，

就像接触一个冷淡的高傲之徒，

初见让人厌烦，但时日久了，

才觉此士实是知己，

比很多初见就称兄道弟的酒肉之友强百倍，

本章主要是一些清淡却又绝对能让你拿得出手的家常菜品，

做法简单，味道清甜淡雅，

赶紧试一下吧！

木樨肉

肉、蛋、菜、菌全上阵

大家想想有哪几道菜是我们从小到大经常吃的？给我印象比较深的就是木樨肉。这道菜几乎家家都做，上桌率较高，营养丰富，黄瓜脆，鸡蛋嫩，肉片香，木耳黄花把味提，口感脆嫩，味道咸鲜，带着浓浓的家的味道。

1. 猪里脊切薄片，加少许黄酒和盐略腌，放入水淀粉抓匀，鸡蛋打入碗中备用（图❶）。
2. 黄瓜切片，用少许盐略腌，葱、姜切末，蒜切片，黄花菜、木耳泡发后洗净备用（图❷❸）。
3. 泡好的黄花菜、木耳焯水（图❹），捞出备用。

   ◎因为这道菜里的黄花菜、木耳用量稍大，最好焯一下再炒。如果用量很少可以直接炒。

4. 锅烧热，倒油，油量要多些，八成热时倒入打散的鸡蛋，快速炒熟（图❺），盛出备用。

   ◎炒鸡蛋时油要多，油温要高，这样炒出来的鸡蛋柔软蓬松、口感甚好。

5. 锅中倒油，放入肉片、葱末、姜末、蒜片煸至肉片变色，倒入黄酒（图❻），放入黄瓜片、黄花菜、木耳炒 10 秒钟，放入酱油、醋、胡椒粉翻炒均匀，最后放入炒好的鸡蛋，淋少许香油，翻炒10 秒钟即可出锅（图❼）。

   ◎炒过鸡蛋的锅不用刷，直接放油炒肉肯定不会粘锅。
   ◎炒制时无须再放盐，因为黄瓜用盐腌过，而且还要放酱油。
   ◎一定要在放完调料炒匀后再放鸡蛋，因为鸡蛋非常容易吸收调料的味道，如果先放鸡蛋再放调料，那么大部分调料都会被鸡蛋吸收，结果鸡蛋会非常咸而其他原料却没味。

主料	
猪里脊	150 克
黄瓜	1 条
鸡蛋	2 个
木耳、黄花菜	适量

调料	
酱油	10 克
黄酒	6 克
胡椒粉、淀粉	适量
盐、醋、香油	适量
葱、姜、蒜	适量

Tip
🍚 最好用纯瘦肉，可选用里脊或梅花肉。

肆

原料　　1　　2　　3
④　⑤　⑥　⑦

诀窍与重点

营养丰富的木樨肉

　　木樨肉营养价值高，适宜经常食用。木耳养血驻颜，黄花菜和黄瓜清热利尿，鸡蛋与瘦肉蛋白质含量颇高，再配以好的烹饪方法，一定会让你食欲大开。做这道菜食材也并非固定不变的，你可以用白菜、莴笋、虾仁、牛肉等做成各种变化款的"木樨肉"。尽情挖掘你的美食创作潜力吧。

酸菜白肉

酸香开胃的温情砂锅

用最普通的食材做一道热气腾腾的砂锅菜可以使冬夜的餐桌充满无比温暖的气息。东北本地的酸菜鲜美无比，怎么吃都可口，用其做的砂锅菜味道酸香、汤美肉肥，让人"一吃倾心"。酸菜白肉是东北家常菜，做法也符合东北人的性格——豪爽大气。快试一试吧！

主料	
酸菜	300 克
五花肉	150 克
粉丝	适量

调料	
盐	8 克
黄酒	5 克
干辣椒	2 个
胡椒粉、葱、姜	适量

Tip
🍖 酸菜最好用东北的，其他地方的酸菜味道不够浓厚。

做法

1. 酸菜用水洗一遍，切丝（图❶❷），粉丝用冷水泡软（图❸），葱切段、姜切片备用。

   ◎ 酸菜洗一遍即可，不可反复洗，否则味道会变得很淡。酸菜要顶刀切丝，顺刀切的丝不易咬断且口感不好。酸菜丝不用切得太细。
   ◎ 粉丝要用冷水泡，不可用开水泡，否则会变得不筋道，容易烂。
   ◎ 粉丝如果来不及泡，可以直接洗净后下锅，多煮一会儿即可。

2. 五花肉切大片（图❹）。砂锅中倒水，烧开后放入肉片，煮15分钟，使汤有香气（图❺）。

   ◎ 还有一种做法，将肉片先煸一下再煮，但是这样做的话油会多一些。

3. 大火将锅烧热，倒油，放入干辣椒和酸菜丝煸炒出香气（图❻），将肉片和汤一起倒进锅中，放入适量葱段、姜片、盐、黄酒和胡椒粉（图❼），大火烧开后倒回砂锅，盖上锅盖小火炖10分钟，放入泡好的粉丝即可上桌。

   ◎ 水量不宜太少，最后还是要有些汤的，但也不宜太多，否则汤的味道会不够浓厚，一定要掌握好量。
   ◎ 泡好的粉丝无须放在锅里煮，直接放在锅里烫熟即可。
   ◎ 炒酸菜时油要烧热一些，这样才能煸出酸菜的香气。

肆

原料 1 2 3
4 5 ⑥ ⑦

诀窍与重点

酸菜的吃法

　　酸菜吃法很多，要论最经典的吃法，首先值得一提的是羊肉酸菜粉条。羊肉和酸菜天生是一对，搭配在一起非常好吃。做羊肉酸菜粉条时要稍微多放一些油，不然香气出不来。先炸几个辣椒，接着将羊肉和酸菜用大火炒一下，最后放入泡好的粉条炒匀出锅。一上桌，黄油油、亮晶晶，味道酸香，带些许羊膻气，非常适合用来拌饭。其次值得一提的便是酸菜馅的大饺子，一口咬下去立刻会滋出油来，满嘴飘香，让人幸福感十足。

黄瓜肉片

细微之处见真章

黄瓜肉片几乎人人会做。也许你会说，这道菜再简单不过了，有什么可学的？其实不然，做熟了谁都会，可是要想做得好吃真的不太容易。暂且将味道放在一边，先说口感，黄瓜炒的时间太短口感不好，可是多炒一会儿有可能就炒蔫了，口感也不好，该如何平衡呢？如何才能让味道更浓厚出众呢？且看后面的说明。

1. 黄瓜去皮，切斜段（图❶），再切成菱形片（图❷），加少许盐抓匀，腌半小时（图❸）。

   ◉ 注意学习菱形片（又称象眼片）的切法。
   ◉ 用盐腌一会儿，将黄瓜片中的一部分水分腌出来，这样炒的时候就不会出太多的汤汁。

主料	
黄瓜	两小条
	（约300克）
猪里脊	100克
木耳	5克

调料	
黄酒	10克
酱油	15克
白糖	3克
干辣椒	2个
葱	5克
姜	5克
蒜	5克
米醋、香油	适量
盐、胡椒粉、淀粉	适量

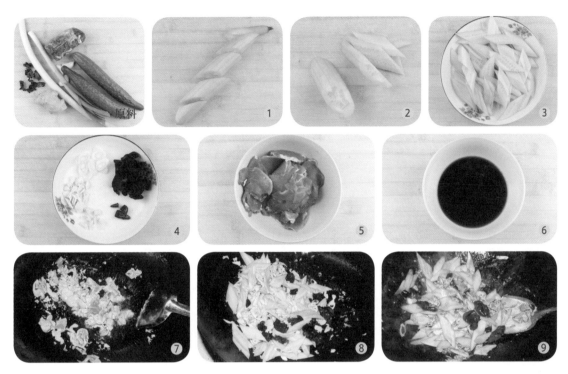

○黄瓜片腌完会变得柔软且脆爽，非常适合爆炒，所以说腌黄瓜片是这道菜的关键。

Tip
● 猪肉最好选里脊或者其他部位较嫩的肉。

2.木耳提前用热水泡发，撕成小片，葱切马耳朵片，姜、蒜切小片（图❹），里脊切片后用少许黄酒和盐略腌，加少许水淀粉抓匀（图❺）。

○木耳泡发、去蒂后多洗几次，否则会有泥沙。

3.调碗芡。将酱油、白糖、黄酒、胡椒粉、米醋、香油、淀粉和少许水搅匀备用（图❻）。

○白糖可以提鲜，但不能多放；醋和香油可以提香，滴几滴便可；胡椒粉可以去异味。

○由于碗芡中调料的量较少，所以需要再加少许水，否则无法将主料全裹上。

○无须放盐，因为腌黄瓜时放盐了，而且酱油本身也有咸味。

4.锅烧热，倒油，将干辣椒炸至呈棕红色，放入肉片用大火稍煸（图❼），再放入葱片、姜片、蒜片煸炒出香气，然后放黄瓜片和木耳炒20秒（图❽），将碗芡搅匀倒入锅中，快速翻炒均匀收汁即可（图❾）。

○应事先对锅进行防粘处理（方法见第8页）。

○木耳放入热油中容易迸溅，要不停地翻炒，事先将木耳上的水分沥干会好很多。

○腌好的黄瓜会出很多水，下锅前一定要将水沥去。

老罗说菜

妈妈的味道

　　黄瓜肉片是一道让人怀旧的菜，因为这道菜可以吃出回忆。我对这道菜的回忆是儿时妈妈做的味道，黄瓜清香扑鼻，略肥的肉片分量十足，拌在米饭里，让我停不下筷子。

炝炒土豆丝

画龙点睛的小花椒

看似简单的炝炒土豆丝要想做得好吃并非易事。记得我在某家餐馆吃饭时，对其他菜都无深刻的印象，唯独这道炝炒土豆丝让我至今记忆犹新。一上桌，淡淡的花椒和辣椒的香气伴着十足的爆炒气息扑面而来，中间还夹杂着一丝葱、蒜的香气，淡黄的土豆丝清透无比，咬在嘴里脆爽而有韧性，让我连扒两碗饭⋯⋯

做法

1. 土豆去皮切丝，洗一遍后放入水中浸泡一会儿（图❶）。

   ◎ 洗土豆丝是为了去掉多余的淀粉，浸泡是为了让土豆的口感更脆爽。

2. 葱、蒜切末，干辣椒去籽掰小段（图❷）。

3. 锅中倒水，烧开后放入土豆丝烫一下（图❸），捞出沥水。

   ◎ 放入土豆丝后不要等水再次烧开，打散后烫10秒钟即可。

4. 大火将锅烧热，倒油，油温后放入花椒和干辣椒炸至呈棕红色（图❹），放入一半的葱末、蒜末爆香，然后放入土豆丝爆炒几下，加盐，翻炒20秒，放入另一半葱末、蒜末翻炒均匀即可出锅（图❺）。

   ◎ 花椒和辣椒不可炸糊，花椒比干辣椒耐炸，可以先放入花椒，炸几秒后再放干辣椒。

   ◎ 炒这道菜时火力始终要开到最大，油量要多些。

   ◎ 可以将盐、葱末、姜末和焯好的土豆丝放在一起，一同下锅炒，这样炒得更快，味道更均衡、更浓郁。喜欢吃酱油的话可以放一些酱油。

   ◎ 土豆丝焯一遍水再炒有以下几个好处：一是家里火小、锅小，焯过水的土豆丝不会像生土豆丝那样很快使锅变凉，锅一变凉爆炒的香气就会少很多，这是最大的好处；二是焯水时土豆丝受热均匀，炒完后土豆丝的熟度比较一致；三是炒制时间短，既保留了辣椒和花椒浓郁的味道，又不容易粘锅。

主料	
土豆	350克

调料	
盐	5克
干辣椒	6个
花椒	20粒
葱、蒜	适量

Tip

🌶 白瓤土豆口感较脆，黄瓤土豆口感较面，可随个人喜好选择。

肆

原料

1

2

3

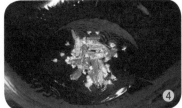

4

5

诀窍与重点

土豆丝的另外几种炒法

醋熘土豆丝：土豆丝洗净后用水浸泡，无须焯水。锅中倒油，八成热时放入葱末和蒜末爆香，放入土豆丝后立即放一些醋然后翻炒，这样醋香就会牢牢地锁住土豆丝，然后放入盐或者酱油，出锅前再放一些醋即可。因为醋在炒的过程中会挥发掉，所以最后还要放一次醋。

尖椒土豆丝：焯土豆丝的时候把尖椒丝一起扔进开水里，打散后捞出，这样尖椒的味道已经和土豆丝的味道混在一起了，接下来大火爆炒，个人感觉比用油先煸炒尖椒丝，然后下土豆丝炒出来的味道好。

原味土豆丝：土豆丝切好后不浸泡，也不焯水，锅中倒油，放入葱、蒜爆香后直接下土豆丝炒。缺点是即便你用不粘锅也有可能粘，因为淀粉太多；优点是炒出来虽然烂糊糊的，不过味道却出奇地好。大家可以试试。

海米烧萝卜

朴素又和谐的搭配典范

白萝卜营养价值极高。白萝卜中维生素含量很高，可以预防感冒，因其性凉有清火之功效，并且能够助消化、健脾胃，对咳嗽、咽炎也有一定的疗效。白萝卜与海米同烧，可以去除萝卜的生涩之味，味道极好，是一道有益健康的美食。

主料	
白萝卜	1根
海米	30克
青蒜	1棵
调料	
白糖	10克
盐、胡椒粉、香油	适量

做法

1. 海米提前用温水浸泡20分钟，青蒜切末备用（图❶❷）。
2. 白萝卜先切成0.7厘米厚的片（图❸❹），再切成粗丝备用（图❺）。

◎白萝卜丝不能切得太细，否则烧的时候容易烂。

◎白萝卜如果太大不必一次吃完，使用够一道菜的量即可。白萝卜中间的那一段最好吃，两头的水分较少，比较辣。

3. 锅烧热，倒油，油温后放入海米煸炒10秒钟（图❻）。放入白萝卜丝大火煸炒半分钟（图❼），放入少许盐、白糖和胡椒粉，加少许泡海米的水炒匀，盖上锅盖小火焖10分钟，至萝卜软而不烂为好，然后大火收汁，放入切好的青蒜末，再滴几滴香油即可出锅。

◎白萝卜在加热的过程中会出一些苦涩的味道，因此需要加一些白糖来中和一下。

◎泡海米的水味道很鲜，不要浪费，做菜时可以使用。

◎海米不要炒太久，炒出香气即可，否则会变干，而且香气也会跑掉。

◎最后放青蒜是为了去除白萝卜的生涩味并提香。

◎焖的时间不宜太长，萝卜软了就可以出锅了。

Tips

🔸白萝卜尽量挑带缨的、比较直的、粗细均匀的，这样的更新鲜，水分更大，味道也更甜。

🔸海米尽量买超市里带包装的或者渔民在海边卖的，品质比较有保障。

肆

原料　1　2　3
4　5　6　7

老罗说菜

萝卜随想

记得小时候在山西家里每天都熬小米粥，里面经常会放大块的土豆和胡萝卜，我曾经一度觉得难以下咽。山西人就好这口，如果一两顿没吃土豆和萝卜，他们会比较难受，再加上那时蔬菜确实也不多，尤其在冬季，以至于时间一长我家这样的外来户也习惯了那样的饮食方式。那时经常吃的还有炒白萝卜丝，纯素炒，根本没有海米，一度让我很崩溃。但儿时味道的记忆令人难忘，长大后我倒真觉得萝卜是好东西，又有营养又利于健康，只要烹饪得当，就可以成为不错的美食。现在萝卜的品种也多了，有水果萝卜、樱桃萝卜、拇指萝卜等，味道各有千秋，不知不觉中我已经恋上它了，更何况我还姓"罗"。

潮州小炒皇

清爽味鲜、锅气十足

 五颜六色的蔬菜和各种肉丝搭配在一起，成就了这道粤菜中的小炒皇，让你能在一道菜里惊喜地吃出若干种食材，清淡爽口，脆嫩并济。一道菜就能满足多方面营养的需求，味道还很好，为什么不来一盘呢？

做法

1.里脊切丝后上浆，海蜇洗净切丝，鲜鱿鱼去头、撕去表面的黏膜后切丝，青椒、红椒切丝，韭黄切段，绿豆芽掐头去尾，姜、蒜切末（图❶），鸡蛋打散备用。

主料

猪里脊、鲜鱿鱼、海蜇、青椒、红椒、绿豆芽、韭黄 —————— 适量
鸡蛋 —————————— 1个

调料

蚝油 —————————— 15克
白糖 —————————— 2克
盐、胡椒粉、香油 —— 适量
姜、蒜、淀粉 ———— 适量

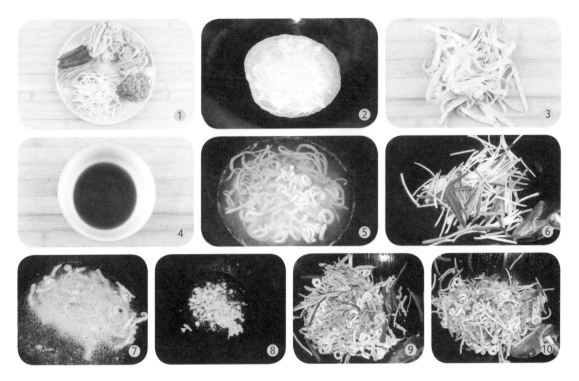

- 最好用鲜鱿鱼，水发鱿鱼味道不及鲜鱿鱼。
- 各种主料的分量要尽量保持平衡，合在一起够一盘菜的分量即可。
- 海蜇要切得粗一些、长一些，因为海蜇焯水后缩得非常厉害，大约只有原来的一半大。
- 绿豆芽掐头去尾主要是为了使成品外观好看，不掐也可以。豆芽掐头去尾后称"掐菜"。

2. 鸡蛋打散。锅烧热，倒入一点儿油，然后倒入蛋液摊成蛋皮（图2），盛出切丝（图3）。

- 摊蛋皮时要先将锅烧热然后转小火，油倒一点儿即可，最好用刷子刷一层油。如果要摊多张蛋皮，那么在摊第一张时稍微多放一点儿油，以防粘锅，摊第二张时刷油即可。
- 不要用锅铲取蛋皮，锅铲容易将蛋皮铲坏，用嘴吹一下蛋皮边缘，吹起来后用手一揭就下来了。

3. 调碗芡。将蚝油、白糖、盐、胡椒粉、香油、适量淀粉搅匀调成汁备用（图4）。

4. 锅中倒水，烧开后放入鱿鱼丝和海蜇丝略烫一下捞出（图5）。锅洗净烧热，倒入少许油，放入豆芽、青椒丝、红椒丝大火爆炒几下出锅（图6）。锅中倒油，油量要多些，五成热时放入肉丝，滑一下出锅备用（图7）。

- 鱿鱼丝和海蜇丝在开水里烫一下即可。
- 豆芽、青椒丝和红椒丝要先爆炒一下。
- 可以将肉丝和鱿鱼丝、海蜇丝一起焯水。不过炒菜有一条原则：能用油处理的尽量不用水处理，否则炒出的菜水汽太大，味道和口感都会稍逊一筹。

5. 锅中留少许底油，放入姜末和蒜末大火煸炒一下（图8），然后将除韭黄外的其他主料放入锅中爆炒一会儿（图9）。放入碗芡和韭黄翻炒均匀，淋一点儿明油即可出锅（图10）。

- 全程都要用大火，这样才能爆出香气。最后放韭黄提味。

诀窍与重点

烹制小炒皇的关键——爆出"锅气"

　　小炒皇是一道比较有特点的菜，以潮州和顺德的较为有名。不同地域的人烹制方式略有不同，共同点是原料的选用极为广泛和灵活。成菜有白汁的也有酱色的，颜色鲜亮，味道一般以咸鲜为主。最关键的是用大火爆出所谓的"锅气"，这样才会香气十足，就像北京的"炒随便"这道菜，食材其实非常简单，香气出自爆出"锅气"的那几秒钟。如果火力不够大，香气就出不来，那么失败就是必然的。那么你在家里如何做才能成功呢？我的方法是将火力开到最大，同时菜的分量要少一些。只有大火少炒，你才能在家里做出香气十足的小炒皇。

腰果鸡丁

四两拨千斤的小炒

粤菜的小炒很出名。简单的食材配上简单的调料，就能做出色香味俱佳且营养丰富的菜肴。这也是粤菜成名的理由之一——简单却不平凡。腰果鸡丁就是这样一道小炒，虽然不及川菜中的宫保鸡丁口感丰富、层次多变，也没有宫保鸡丁用的料多，但从营养到色香味毫不逊色于任何"对手"。

做法

1. 鸡胸肉切1.5厘米见方的大丁，加少许盐和黄酒抓匀，再加入水淀粉抓匀备用（图①）。

   ◎鸡胸肉比较嫩，水分含量较高，加入水淀粉后抓至发黏即可。

2. 彩椒和芹菜切成与鸡丁差不多大小的丁，香葱切段，蒜切末，胡萝卜和姜切料头花备用（图②）。

3. 调碗芡。将白糖、蚝油、水和适量盐、白胡椒粉、淀粉调成汁（图③）。

   ◎碗芡的量够在鸡丁上裹薄薄一层即可。

4. 彩椒丁和芹菜丁焯水（图④）。

   ◎将彩椒丁和芹菜丁用开水烫一下即可。

5. 锅中倒油，大火烧至五成热，转中火，放入浆好的鸡丁滑散（图⑤），10秒钟后捞出控油备用。

   ◎鸡丁下锅后稍等片刻再拨散，这样就不容易脱浆。

6. 锅中留少许底油，放入葱段、蒜末和料头花爆香，然后放入鸡丁和焯好的菜丁大火翻炒几下（图⑥），转小火，放入碗芡翻炒均匀，最后放入腰果大火翻炒几下即可（图⑦）。

   ◎放碗芡时要转小火，否则碗芡会粘连成团。

主料	
鸡胸肉	250克
腰果、彩椒	适量
芹菜、胡萝卜	适量

调料	
白糖	3克
蚝油	10克
盐、白胡椒粉、淀粉	适量
香葱、姜、蒜	适量

Tip

❀彩椒、芹菜、胡萝卜各备少许即可，它们的主要作用是增色。

肆

1

2

3

4

5

6

7

诀窍与重点

营养价值很高的小炒

这道小炒看似简单，营养却非常丰富。鸡肉中富含维生素C、维生素E等，其所含的蛋白质很容易被人体吸收。彩椒中含有多种维生素和微量元素，属于非转基因食品，可以放心食用。腰果中含有丰富的矿物质，可以提神醒脑，经常食用可以增强身体抵抗力。

白玉翡翠明虾球

菜有菜相、吃有吃相

🐦 虾味鲜、肉嫩、营养丰富。虾的做法极多，如油焖、白灼、清炒等。这道白玉翡翠明虾球采用的烹调方法是"油泡"。虾球配上西蓝花，色鲜味美，绝对会让你食欲大开。

1.鲜虾去头、去壳，划开虾背挑去虾线（图❶）。用蛋清和淀粉调糊（图❷）。虾球中加少许盐和黄酒抓匀，然后倒入蛋清淀粉糊抓匀（图❸）。

　◉ 蛋清淀粉糊有一点儿就可以，不能让腌好的虾球流出水来，否则起不到作用。

2.将白糖和适量的盐、水、淀粉调汁备用。西蓝花切成均匀的小块（图❹），香葱切寸段，少许姜和胡萝卜切料头花备用（图❺）。

主料

大个的冰鲜虾 —————— 500 克
（去头、去壳后约 250 克）
西蓝花 ————————————— 适量

调料

白糖 ——————————————— 3 克
香葱 ——————————————— 1 根
盐、姜、蒜、淀粉 ——— 适量

原料

① ② ③ ④ ⑤ ⑥ ⑦ ⑧

◎ 调汁时水和淀粉的量不宜多，能够裹住虾球即可。水多了容易出汤，淀粉多了虾球会显得不够剔透。

3.锅中倒水，烧开后放入适量盐和少许油，然后放入西蓝花（图❻），再次烧开后煮半分钟捞出，围边摆放盘中。

　　◎ 放盐是为了入底味并使西蓝花看起来更绿。这道菜中的西蓝花除焯水外无须另行加工，所以必须多放一些盐。如果焯水后还需另行加工比如浇汁等，那么就要少放盐。放油一是为了使西蓝花油亮好看，二是为了保温。

4.锅洗净，倒水，烧开后放入虾球焯一下（图❼）立刻捞出。将水倒掉。锅洗净烧热，倒油，油量要多些，五成热时放入虾球滑一下捞出备用。

　　◎ 虾球焯水是为了让其表面的浆凝固。虾球刚入水时不要搅动，否则容易把表面的浆搅下来，这样虾球就容易变老。

　　◎ 虾球过油是为了去除水汽。

　　◎ 无论焯水还是过油，一下锅打散立刻就要捞出，因为虾非常脆嫩，火候稍过就会变老。过完油虾球的成熟度在八成最好，因为后面还要炒。

5.锅洗净，中火烧热后倒入少许油，放入香葱段和料头花爆香，然后放入虾球翻炒，转小火，将调好的料汁搅匀后浇在虾球上，翻炒均匀后转大火再翻炒几下即可出锅（图❽）。

　　◎ 放料汁时一定要转小火，因为料汁很少，如果火太大，料汁一入锅中就会黏成一团，所以一定要先用小火快速翻炒均匀（也可以一边浇汁一边翻炒），然后再转大火翻炒。

　　◎ 最后炒制时速度一定要快，虾球从入锅到出锅用时约 10 秒钟。

诀窍与重点

粤菜中的"油泡"

　　"油泡"是烹饪粤菜时较常采用的一种烹调方法，体现了粤菜"原汁原味"的烹饪理念。原料上好浆，在油中快速过一下，其中油温是关键，差一点儿菜的口感都会有变化。这道菜用的也是这种方法，但是考虑到大家都不是专业人士，掌控不好油温，所以才会有焯水这一步骤。焯水后再在油里爆一下就简单多了，因为焯水后原料表面的浆已经凝固，油温稍高或者稍低对其不会产生太大的影响，这样就能保证虾球的口感。过油速度一定要快。

鲜虾酿豆腐

清淡鲜美的极致境界

🐦 这道菜女士们肯定喜欢。豆腐和鲜虾的结合是唯美的，清淡而又不失品格，脂肪含量极低，蛋白质含量较高，热量适中，实为美容养颜的佳品。

 做法

1. 调鱼汁。取一个碗，依次放入鱼露、生抽、60克水和适量美极鲜味汁，调匀后倒入锅中，中火烧开，然后放入白糖和适量胡椒粉。在碗中滴几滴香油，把烧开的鱼汁倒进碗里晾凉备用（图❶）。

2. 菜心洗净焯水备用。虾去壳、去头、去虾线，洗净后和肥肉放在一起加少许盐剁成泥，用手摔打几十次至上劲儿，这样虾胶就做好了（图❷❸❹）。

   ◎ 虾胶是广东叫法，口感脆嫩弹牙。用刀将肉剁细后可再用厚刀背剁一会儿，效果更好。

3. 南豆腐切大块（图❺），中间用小勺或者小刀掏空，里面撒少许淀粉（图❻），用虾胶填满（上面可以用枸杞稍微装饰一下），入蒸锅蒸5分钟（图❼）。

   ◎ 豆腐块的大小依个人喜好而定，豆腐块中间的坑尽量掏得大一些，以多放一些虾胶，但要注意不要把豆腐块撑破。虾胶放得太少的话这道菜吃起来会全是豆腐味。

   ◎ 在掏好的坑里面撒少许淀粉可以使虾胶和豆腐粘得更紧，食用时不容易分开。

4. 蒸熟出锅后将盘中的水倒掉，将鱼汁倒在盘子里，摆上焯好的菜心，淋少许热油即可。

   ◎ 淋热油是为了激发鱼汁的香气，这道工序不能省。

主料

冰鲜虾	500 克
南豆腐	500 克
菜心	6 根
肥肉	适量

调料

鱼露	10 克
生抽	30 克
白糖	5 克
美极鲜味汁	适量
盐、胡椒粉、香油	适量

Tips

🦐 虾越新鲜越好，最好用活虾。活虾肉比较有弹性，做出的虾胶鲜嫩弹牙。

🦐 一定要选用南豆腐（石膏豆腐）。南豆腐异味小、水分足、口感嫩。

肆

原料 / 1 / 2 / 3 / 4 / 5 / 6

诀窍与重点

酿菜

　　酿菜主要是将肉类或其他原料填充或夹进蔬菜或者豆制品中，用蒸或者煎的方式处理一下，然后再烹制一下或者直接食用。广东比较有名的酿菜除了酿豆腐，还有煎酿苦瓜或者节瓜：把腌好的肉馅填充在瓜环中，小火少油将两面煎熟，用广式豉汁（制作方法见第59页）烧一下，盛在烧热的铁板里，味道相当鲜美。炸茄盒和炸藕盒也算酿菜的变化款，只不过外面多裹了一层糊而已。此外，酿面筋也是酿菜中的一道风味特色菜肴：面筋包裹着肉馅，再用酱汁烧软烂，味道极好。快点儿发挥创意试一试吧！

咸鱼鸡粒豆腐煲

让你从此爱上吃咸鱼

 广东的咸鱼非常有名气，虽然闻起来臭臭的，可是烹制过后味道却让人难以忘怀。这道咸鱼鸡粒豆腐煲便是如此。提前处理过的咸鱼的特殊鲜香在鸡肉的烘托下将一道豆腐菜提升了一个档次。简单的食材，不一样的美味，值得一试。

做法

1. 咸鱼切成 1 厘米见方的小粒，鸡腿去骨后切成小粒，豆腐切成 2 厘米见方的丁备用（图①②）。姜切丝、芥蓝切丁备用。

   ◎ 咸鱼粒不宜切得太大。鱼头去掉不要。
   ◎ 豆腐也不能切得太大，否则不容易入味。

2. 大火将锅烧热，倒油，油量要多些，八成热时放入豆腐丁，炸至表面呈金黄色，捞出用冷水浸泡使其回软（图③④）。

主料

南豆腐	500 克
咸鱼	60 克
	（去头后约 45 克）
鸡琵琶腿	1 个
芥蓝	适量

调料

黄酒、生抽	各 10 克
蚝油	10 克
白糖	5 克
老抽、姜、淀粉	适量

原料

1

2

3

4

5

6

7

8

9

10

◎ 最好将豆腐丁分散地摆放在平盘中，这样就能减少入锅后粘连的机会。

◎ 家里炸制可以分 2～3 次炸。豆腐下锅前需将水沥干，否则油容易迸溅。

◎ 豆腐入锅后先不要搅动，等定形后再慢慢把粘连的地方拨开。如果一下锅就拨动，容易将豆腐拨碎。

◎ 炸好豆腐后用冷水浸泡可以使其表面回软，经烧制口感会更好。

Tip

❀ 广东的咸鱼个头一般比较大，家庭烹饪一次可能用不完。批发市场有卖小咸鱼的，但是有些不是广东产的，不过味道也还可以。

肆

3. 锅中留少许底油，烧至六成热，放入咸鱼粒和一部分姜丝，中小火将鱼粒煸酥，盛出后挑出姜丝（图❺❻）。

◎ 将咸鱼粒煸酥主要是为了去除异味，其次是为了将鱼骨和鱼刺煸酥。放姜丝也是为了去除异味。

4. 锅洗净烧热，倒少许油，先把鸡粒煸熟，然后放入咸鱼粒和剩下的姜丝煸炒（图❼），淋入黄酒炒出香气，加一些热水，然后放入生抽、老抽、蚝油和白糖烧开（图❽）。放入豆腐用中火烧 5 分钟（图❾），待锅中剩少许汤汁时撒入芥蓝丁（图❿），勾芡后倒进砂锅里加热一下或者直接盛盘。

◎ 咸鱼本身比较咸，所以做这道菜时无须再放盐。

◎ 烧豆腐时不用加太多水。最后勾芡时锅中应该有少许汤汁，否则汤汁将无法裹住豆腐，味道就会不均匀。

◎ 最后撒入芥蓝丁做点缀。

诀窍与重点

咸鱼的其他吃法

广东咸鱼吃法很多，比如煎、蒸、煲等。鱼皮煎得金灿灿、黄澄澄的，焦香扑鼻。煎咸鱼比较咸，最好就着主食和青菜吃。咸鱼蒸肉饼也非常棒：肉馅腌好后按成薄片放在盘中，咸鱼切成小条按在肉馅上，上锅蒸 10 分钟，鲜香软嫩的肉饼中带有咸鱼的香气，可以令人食欲大开。除此之外，咸鱼还可以用于烧茄子等。每种食材都有适合自身的烹饪方法，让我们发挥创意去探索一些更特殊的吃法吧！

蚝油西蓝花

如何"味"高一筹

蚝油是用蚝熬制而成的，原是粤菜的专用调料，现在运用得比较广泛。做菜时放上一点点蚝油，味道立刻会变得不一样——柔和、醇厚、略带海味。不过想用蚝油烹制出更好的美味，还是得用粤菜的烹饪方式来诠释。

主料	
西蓝花	400 克

调料	
蚝油	10 克
生抽	10 克
白糖	3 克
盐、老抽、淀粉	适量

做法

1. 西蓝花切小块，洗净备用（图❶）。

西蓝花切开后放到水中浸泡一会儿再洗。

2. 锅中倒水，烧开后放少许盐和食用油（图❷），然后放入西蓝花（图❸），大火再次烧开后煮半分钟捞出，控水摆盘（图❹）。

◎ 放盐是为了使西蓝花看起来更绿；放油一是为了使西蓝花色泽更亮，二是为了保温。

◎ 焯半分钟西蓝花的口感还是比较脆的。如果喜欢吃软一些的，可以多焯一会儿。

3. 煮蚝油汁。锅中放入 60 克水、蚝油、生抽、白糖和少许老抽，中火烧开，勾浓芡，淋一点儿明油（图❺）。

◎ 所有调料放进去后尝一下，如果觉得哪种味道不够，再进行调整。无须再放盐，因为蚝油和生抽本身都有咸味。老抽一定要一滴一滴地放，如果生抽质量较好，颜色够深，就不用放老抽了。蚝油汁的颜色应该是稍显透明的深棕色，如果老抽放多了颜色会变黑。

◎ 煮蚝油汁时不要用大火，因为蚝油汁的量很少。勾芡时也不要用大火，一定要用中小火。如果没有把握，可以将芡汁分两次放入。勾好芡的蚝油汁应该比较浓，但不应该跟糨糊似的。

4. 将蚝油汁均匀地浇在西蓝花上即可。

肆

诀窍与重点

任何蔬菜都可以用蚝油做

蚝油菜就像白灼菜一样以浇汁为主。理论上什么蔬菜都可以做成蚝油菜，一般而言人们会选茎叶类的蔬菜，如生菜、西蓝花、芥蓝、菜心、油麦菜等。由于每种蔬菜口感和味道不一，它们和蚝油交织在一起后的味道也各有千秋。这也许就是品鉴美食的另一种乐趣吧，永远会有不确定的味道让你惊喜或赞叹。

椒丝腐乳通心菜

让青菜出味的智慧

🐳 几块白腐乳，半根红椒，几根姜丝，再配上陈年的绍兴黄酒，放在滚烫的炒锅里爆一下会是什么味道？想一想都会觉得惊艳，再配上青嫩的通心菜，三两下翻炒出锅，香气绝对让你食指大动。

做法

1. 白腐乳放在碗中用勺子压碎，倒少许双蒸酒，放入白糖，搅拌均匀（图❶）。

   ◎ 双蒸酒可以提香并去除腐乳的发酵异味，但是不能放得太多，以免盖过腐乳味。放糖是为了中和腐乳的咸味。腐乳压得越顺滑越好。

2. 红椒切丝，姜切细丝，蒜切末备用（图❷）。

   ◎ 红椒丝只是起炝锅、提味的作用，不用放得太多。

3. 通心菜择洗干净，切小段。锅中倒水，烧开后放入通心菜焯一下捞出备用（图❸）。

   ◎ 粗梗可以去掉。

   ◎ 通心菜放入开水中打散，烫一下即可捞出来，否则很快会变黄。

4. 大火将锅烧热，倒少许油，七成热时放入红椒丝、姜丝和蒜末爆香（图❹），然后放入腐乳煸炒几下，倒入黄酒爆香（图❺），最后放入焯好的通心菜快速翻炒均匀即可。

   ◎ 通心菜焯完后要稍微挤压一下以去掉一些水分，否则炒完后汤汁会太多。

   ◎ 全程用大火，动作要快，20秒出锅。

主料
通心菜	500 克
大红尖椒	半根

调料
广式白腐乳	4 小块
白糖	2 克
黄酒	5 克
九江双蒸酒	少许
姜、蒜	适量

Tips
- 通心菜即空心菜。如没有九江双蒸酒也无妨。
- 尽量用白腐乳，不要用红腐乳，风味不同。

肆

原料 ⋅ 1 ⋅ 2 ⋅ 3 ⋅ 4 ⋅ 5

老罗说菜

青菜的呢喃

中国的蔬菜种类很多，其实想来吃法真的挺单一的。根茎类的还好些，还算有些"潜力"，能让我们想办法多折腾几下，可是叶菜除了清炒，好像也没什么更好的加工方法了。当然了，你可以先在菜叶上裹一层厚厚的淀粉炸，然后泼个糖醋汁，你看行吗？吃青菜的目的之一就是爽口，解油腻，可是这东西啥味儿也没有，对不喜欢吃青菜的人来说还不如吃点儿牛黄解毒片呢，好歹外面那层还是甜的呢，里边那个还能去火。所以说广东人还真是蛮棒的，发明了椒丝腐乳这种做法，让青菜味道醇厚又不失清爽。

白灼芥蓝

平平淡淡是从容

"白灼"是粤菜的一种烹饪方法，就是将水烧开后放入蔬菜或者加工好的肉煮至刚刚好的火候，捞出蘸着调好的鱼汁食用。这种烹饪方法非常简单，烹制出的菜肴非常美味，既保留了食材的原味，又因鱼汁的作用而使食材更加鲜美。

做法

1. 调鱼汁。取一个碗，放入鱼露、生抽、60克水和美极鲜味汁，调匀后倒入锅中，中火烧开后放入白糖和胡椒粉，在碗中滴几滴香油，将烧开的汁倒进碗中晾凉备用（图❶❷❸）。

   ◎ 最好先放比较咸的调料，这样容易调味。当然，如果用称重的方法，放的顺序就无所谓了。
   ◎ 放少许美极鲜味汁鱼汁的味道会更鲜。如果没有也可以不放。

2. 芥蓝去掉根部，削去梗部的硬皮，洗净备用（图❹）。

   ◎ 芥蓝的叶子也可以吃，非常有营养，不要扔掉。

3. 锅中倒水，烧开后放入适量盐和白糖，然后放入芥蓝（图❺），大火煮开1分钟后即可捞出摆盘，倒入鱼汁。将葱和红椒切丝放在芥蓝上，将少许油烧热后浇在葱丝和红椒丝上即可。

   ◎ 放盐是为了使芥蓝看起来更绿，放糖是为了中和芥蓝的苦味。
   ◎ 梗细的芥蓝煮1分钟即可，梗粗的芥蓝需要先剖开再煮。
   ◎ 鱼汁不要直接浇在芥蓝上，否则会使芥蓝变黑，影响美观，要沿着盘边慢慢倒入盘中。
   ◎ 一定要用热油，这样才能激发出葱丝、红椒丝和鱼汁的香气。

主料

芥蓝	500 克
红椒	适量

调料

鱼露	10 克
生抽	30 克
白糖	5 克
美极鲜味汁、葱	适量
胡椒粉、盐、香油	适量

Tips

☀ 选梗较细的芥蓝，不用去皮。芥蓝梗清甜脆嫩。
☀ 鱼露是泰国的一种调料，当地人拿其当盐用。鱼露比较咸，不宜多放。鱼露在一般超市比较少见，在大型超市、大型批发市场或者网上商店能买到。

肆

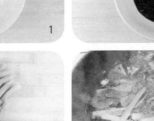

原料

1

2

3

4

5

诀窍与重点

"白灼"是一种生活态度

　　白灼菜因清淡、爽口、鲜美、烹饪方法简单而受到人们的欢迎。煲一锅腊味饭，焯几根芥蓝或者菜心，一顿午饭就解决了——既有肉和菜，又有饭。也可以将几种蔬菜和一些小海鲜放到水中焯一下，再放一些粉丝和盐，几分钟就能做好粉丝海鲜蔬菜煲，配以调好的鱼汁，新鲜清爽，绝对健康味美。对粤菜来说，"白灼"适用于很多原料，能体现本味，同时升华本味。所以说，"白灼"是一种生活态度，一种随遇而安的心境。

鱼汁的用处

　　鱼汁因其为清蒸鱼中用的底汁而得名。鱼汁用处非常多，不但可以用于清蒸菜，还可以用于白灼菜及鸡蛋羹、蒸肉饼、腊味饭等。不同菜品中的鱼汁会稍有不同，但都是以这道菜中的鱼汁为基础的，比如说腊味饭中的鱼汁需要再加一些老抽，这样拌出来的饭颜色才会漂亮，才会让人更有食欲。

罗汉素斋

素菜中的经典之作

口蘑、草菇、花菇、玉米笋、竹荪、银耳等烩在一起味道如何？嗜肉一族可能不屑一顾，可是我相信吃过后他们一定会惊叹，会深深爱上这道经典素菜。

1. 竹荪用温水浸泡15分钟（图❶），银耳用冷水泡开备用（图❷）。

   ◎ 干竹荪比较脆，尽量少挤压，否则容易碎。

2. 草菇对半切开，口蘑切厚片，玉米笋切马耳朵块（图❸），全部放入冷水中浸泡10分钟备用（图❹）。

   ◎ 草菇一定要对半切开，因为中间有空隙，如果不切开吃的时候容易烫到嘴。

主料	
口蘑	50克
草菇	50克
花菇	50克
玉米笋	50克
干银耳	10克
竹荪	5克

调料	
生抽	20克
蚝油	15克
黄酒	5克
白糖	5克
盐、香油、淀粉	适量

◎ 由于口蘑、草菇、玉米笋用的是罐装的，所以必须浸泡一会儿；如果用的是新鲜的就不用浸泡了。

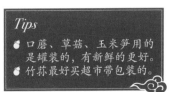

Tips
❀ 口蘑、草菇、玉米笋用的是罐装的，有新鲜的更好。
❀ 竹荪最好买超市带包装的。

3.锅中倒水，烧开后放入除竹荪外的所有主料，再次烧开煮1分钟（图❺）后放入泡好的竹荪（图❻），20秒后关火，全部捞出。锅中的水倒掉。锅洗净，倒适量干净的水，放入生抽、蚝油、白糖、黄酒和盐，烧开后将焯好的主料倒进去再次烧开（图❼），全部倒入碗中，上蒸锅蒸5分钟，关火后泡一会儿备用（图❽）。

◎ 新鲜的菌类也要焯水，虽然营养可能会流失，但是口感会更好。
◎ 由于这些原料不容易入味，所以需要提前煨上，再蒸一下才会比较入味。
◎ 煨的时候水不宜多放，100克左右即可。

4.大火将锅烧热，将料连汤倒入，烧开后勾芡，滴几滴香油，淋一些明油出锅（图❾）。

◎ 这道菜几乎不用油，最后淋香油和明油是为了使菜肴更有光泽。
◎ 勾芡是关键，要求最后成品中有一些黏稠的汤汁，做好后主料就像被缓慢流淌的、即将凉透的糖汁包裹着。
◎ 要想使成品外观好看，一定要用上好的淀粉。

鼎湖上素

广东有一道名菜叫"鼎湖上素"，是一位禅师的经典之作，做法复杂，原料众多，需静心研习才能做好。我在酒店吃过这道菜，不过总感觉形似而神不似。试想一下，山上寺庙里的和尚们一早起来采摘的新鲜菌类岂是一般市场里卖的可比的？原料的巨大差异势必造成味道的差异。这道菜非常经典，虽然几乎无油，但是味道毫不逊色，属于菜品中的极品。

老罗说菜

肆

北菇烧豆腐

细品蚝油与生抽之鲜美

🐦 顾名思义，北菇烧豆腐就是将豆腐与北菇放在一起烧。这道菜味道清淡，口感软嫩，是传统粤菜的代表。它用料简单，烹饪方法也不复杂，但味道咸鲜，入口清香，正可谓简约而不简单。

做法

1. 豆腐切成 1.5 厘米厚、5 厘米长的块备用（图❶）。锅烧热，倒油，油量要多些，八成热时放入豆腐炸至表面金黄（图❷），捞出浸泡在冷水中。

   ◎ 豆腐不能切得太小，否则在热油中炸完内部口感会发干。
   ◎ 豆腐刚入锅时不要搅动，等表面定形后再搅动，否则容易碎。
   ◎ 将炸好的豆腐浸泡在冷水中是为了使其回软，从而减少烧制的时间。

2. 香菇去蒂洗净，焯水，捞出过冷水，挤干水分，切小块（图❸❹）。

   ◎ 香菇要多焯一会儿，焯大约 5 分钟。

3. 水倒掉，锅中倒适量干净的水烧开，放少许盐，然后放入菜心焯片刻后捞出（图❺），再放入豆腐焯 1 分钟后捞出备用（图❻）。

   ◎ 焯豆腐是为了将表面的油去掉一部分，同时让豆腐完全回软。

4. 将水倒掉。锅洗净，开大火，倒少许热水，放入蚝油、生抽、白糖、黄酒、盐和胡椒粉烧开，再放入豆腐和香菇中火煮 5 分钟，待汤汁收得差不多时转大火，勾芡后淋一点明油出锅（图❼）。摆盘时将豆腐和香菇码放在盘子中间，用菜心围边。

   ◎ 这道菜非常清香，烹制时无须炝锅。
   ◎ 放黄酒是为了去除豆腐的豆腥味，不宜多放，否则酒味会太浓。放白糖是为了提味，亦不宜多放。
   ◎ 芡汁要稍微浓一些，要能挂在豆腐上。这道菜做好后整体看着应该比较滑润，可以稍微有一些汁。

主料	
南豆腐	300 克
鲜香菇	3 个
菜心	适量

调料	
生抽	10 克
蚝油	10 克
黄酒	2 克
白糖	5 克
盐、胡椒粉、淀粉	适量

Tips
🍲 一定要用南豆腐，这道菜要突出的是清淡的味道，其他豆腐本身的味道太大。内酯豆腐也不能用，太嫩了。
🍲 最好用鲜香菇。干香菇味道太浓，而且口感老韧，不够嫩滑。

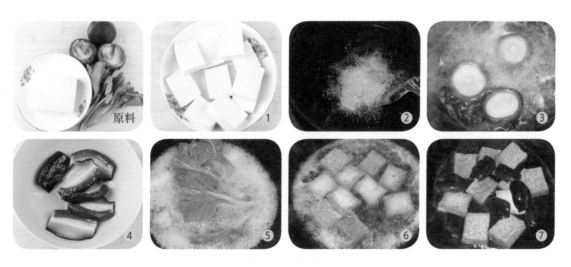

原料　1　2　3　4　5　6　7

诀窍与重点

北菇

北菇，全称"粤北香菇"，产于广东北部山区。北菇比一般的香菇肉厚得多，香气浓郁，品质很好。粤菜中用到北菇的比较有名的菜有"北菇扒大鸭""北菇扒双蔬""北菇扒鹅掌"等，大部分都是扒菜，均鲜滑软嫩、豉香浓郁，非常适合追求健康和完美身材的人士食用。

芫爆肉丝

拯救香菜厌恶者

何谓"芫爆"？芫，香菜也。香菜又叫"芫荽"，故以香菜为配料爆炒的菜又叫"芫爆菜"。芫爆肉丝是一道家喻户晓的鲁菜，风味非常独特，北方人大都喜欢吃。香菜味道浓郁，再辅以黄酒、胡椒和蒜末，奇香扑鼻。

主料	
猪里脊	250 克
香菜	80 克

调料	
黄酒	20 克
胡椒粉	2 克
米醋	2 克
蒜	10 克
葱	5 克
盐、香油、淀粉	适量

做法

1. 猪里脊顺刀切筷子粗细的丝，加少许盐和黄酒略腌，然后加水淀粉拌匀（图❶）。

2. 香菜切段，葱切丝，蒜切末备用（图❷）。

3. 调料汁。取一个小碗，放入黄酒、胡椒粉、米醋和适量盐、香油调匀，然后放入蒜末和葱丝（图❸）。

   ◎米醋的作用是提香，不宜多放。

4. 大火将锅烧热，倒油，油量要多些（以能没过肉丝为准），五成热时转小火，放入浆好的肉丝，用筷子迅速转圈拨散，滑至肉丝呈白色后（图❹）捞出装盘，肉丝从入锅至出锅用时约 10 秒钟。

   ◎肉丝滑得宁生勿老。稍微生一些没关系，因为后面还要炒，但要是炒老了口感就会变差。

   ◎用筷子可以很快拨散肉丝，使其不至于粘连成团。用其他工具的效果不及筷子。

5. 锅中留一点儿底油，大火烧热，放入香菜翻炒两下（图❺），然后放入肉丝，倒入料汁（图❻），大火炒匀出锅（图❼）。

   ◎炒这道菜时一定要将火力开到最大。要先放入香菜煸出香味再放肉丝。

   ◎放肉丝前要将装肉丝的盘中的水控净。

原料　1　2　3

4　5　6　7

诀窍与重点

芫爆散丹

除了芫爆肉丝，最有名气的芫爆菜恐怕就属芫爆散丹了。散丹指牛或者羊胃部极嫩的一小块肉。做法：将散丹放到开水中焯一下，大火将锅烧热，倒入少许油，放入散丹，再倒入调好的料汁，大火炒匀，5 秒内出锅，散发出的香气足以使你垂涎欲滴。芫爆适合烹制很多脆嫩的原料，只要你喜欢，就可以如法炮制。

素烧二冬

被埋没的经典鲁菜

现在无论是在家里还是在饭店里，餐桌上都很少有这道菜了。但这道菜吃起来还是蛮不错的，冬笋清脆爽口，香菇绵软柔韧，香气十足，营养丰富，是一道极好的下饭菜。

做法

1. 干香菇提前用温水泡发（图❶），冬笋切小块洗净备用（图
❷❸）。葱切段，姜切片备用。

　◎ 干香菇需提前几小时泡发。如果来不及可用开水泡，中途可以换一次
　水，不可多换，否则香气会跑掉。

　◎ 冬笋要多洗几遍，将里面的白色渣状物洗净。

2. 锅中倒水，烧开后放入冬笋，再次烧开后煮2分钟，捞出过一遍
冷水。锅中换干净的水，烧开后放入冬笋再煮2分钟（图❹），
捞出过两遍冷水，沥干备用。

　◎ 水发冬笋一定要焯两遍水，因为其酸味较大，焯一遍水去不掉。

3. 锅烧热，倒油，放入葱段、姜片煸香（图❺）。放入酱油爆香（图
❻），倒入泡香菇的水，如不够再加些开水，加黄酒、盐、白糖、
胡椒粉烧开（图❼），然后放入香菇和冬笋烧开（图❽），倒入大
碗中泡一会儿（图❾）。锅洗净，将碗里的香菇和冬笋连汤带料
一起倒入锅中，烧开后中火烧5分钟（图❿），汤汁变少后勾芡，
淋少许香油和明油出锅（图⓫）。

　◎ 酱油在油里爆一下比直接倒在水里香得多；汤汁和原料持平便可。

　◎ 泡香菇的水味道很好，一定要用。倒的时候注意不要将下面的渣倒进去。

　◎ 香油最后放味道更香，最后淋明油可以使菜的色泽更好。

　◎ 最后的汤汁不能太少，勾芡后要能将原料全部裹上。

<table>
<tr><td colspan="2" align="center">主料</td></tr>
<tr><td>水发冬笋</td><td>200 克</td></tr>
<tr><td>干香菇</td><td>8 个</td></tr>
<tr><td></td><td>（约20 克）</td></tr>
<tr><td colspan="2" align="center">调料</td></tr>
<tr><td>酱油</td><td>15 克</td></tr>
<tr><td>白糖</td><td>10 克</td></tr>
<tr><td>黄酒</td><td>5 克</td></tr>
<tr><td>盐、胡椒粉、香油</td><td>适量</td></tr>
<tr><td>葱、姜、淀粉</td><td>适量</td></tr>
</table>

肆

原料　1　2　3　4　5　6　7　8　9　10　11

诀窍与重点

冬笋

　　冬笋是南方特产，以前运输不便，北方多用水发冬笋。水发冬笋处理起来工序会多一些，现在运输便利了，
南方的鲜冬笋在北方也有卖的。不过对一些传统菜肴来说，鲜冬笋口感有些硬，反倒不及水发冬笋脆嫩，因此虽
然有鲜冬笋，可是传统菜肴用水发冬笋的更多一些。

红扒牛肉条

让常规炖牛肉更上一层楼

很多清真美食味道令人叫绝，尤其是做法独特的牛羊肉，常令我们垂涎三尺。红扒牛肉条便是其中之一，牛肉软烂，老少皆宜，由内而外散发出的肉香让我们不禁感叹：原来牛肉可以做得这样好吃。

做法

1. 葱切段，姜切片，胡萝卜切块。牛肉洗净。将牛肉和胡萝卜放进高压锅内，加冷水，水没过牛肉即可。烧开后撇去血沫，放入白芷、山柰、香叶、砂仁、桂皮、陈皮、黄酒和少许葱段、姜片（图❶），盖上锅盖大火烧开后装上限压阀中小火炖 25 ～ 30 分钟（图❷）。

   ◎ 放胡萝卜可以使牛肉的味道更醇厚，使汤的味道更浓厚。
   ◎ 牛肉不用煮至软烂，后面还要蒸一下，煮至八分熟即可。
   ◎ 肉的品质、形状及大小都会影响煮制所需的时间，这里给出的时间仅供参考。煮至用筷子一下就能扎进去但感觉肉仍然稍微有点儿紧就可以了。
   ◎ 如果不用高压锅，而是用普通锅，需要煮 1 小时 30 分钟左右。

2. 牛肉炖好后取出晾凉，切半厘米厚的大片，码在碗中，并将原汤倒入碗中，在牛肉上面放少许葱段、姜片，再放入酱油、大料和盐（图❸），入蒸锅蒸 20 分钟（图❹❺）。

   ◎ 应将牛肉晾凉了再切，热的时候切一是不好切，二是容易变形。
   ◎ 牛肉片不能切得太薄，否则吃着没有口感。
   ◎ 酱油不能多放，否则会冲淡牛肉的香味。

3. 牛肉码盘，芥蓝焯好码边，碗中的汤汁倒入锅中，烧开勾芡后浇在牛肉上即可。

   ◎ 焯芥蓝时放点儿盐和油，这样焯的芥蓝味道好还富有光泽。

主料	
牛腰窝	400 克
芥蓝	6 根
胡萝卜	1 根

调料	
酱油	5 克
大料	1 个
白芷	2 片
山柰	1 片
香叶	3 片
砂仁	3 个
桂皮	1 小块
陈皮	1 小块
黄酒	10 克
盐、葱、姜、淀粉	适量

Tip

🔥 牛腰窝就是牛排骨上的肉，也叫肋条肉，有肥有瘦，非常适合用于做这道菜。

肆

原料 ① ② ③ ④ ⑤

诀窍与重点

更正宗的做法

这道菜叫"红扒牛肉条"，最后应该有一个"扒"的过程——将蒸好的牛肉连带汤汁在炒锅里烧一下，然后勾芡，勾芡时需要边晃动锅边勾芡，否则淀粉会凝结成疙瘩，有时候还要大翻勺。不过技术要求较高，一般人肯定达不到这种要求，所以我将这一步简化了一下，但是做出的味道依然很好。如果追求完美，可以试试这种更正宗的做法。

醋熘木樨

有醋而不闻醋味

醋熘木樨属传统清真菜，鸡蛋和羊肉搭配在一起，嫩上加嫩，色泽金黄，醋香浓郁，味道醇厚，实乃下饭良菜。每当饭桌上有这道菜的时候，米饭一般来说肯定要多做一些，否则到时候大家因为米饭不够而吃得不尽兴，烹饪者的罪过可就大了。

主料

羊里脊	150 克
鸡蛋	2 个

调料

酱油	15 克
米醋	25 克
葱	10 克
姜	10 克
蒜	10 克
黄酒	10 克
白糖	10 克
盐、香油、淀粉	适量

做法

1. 鸡蛋打散备用。羊肉顶刀切片，放少许盐抓匀，然后加水淀粉抓匀，最后加少许蛋液抓匀（图❶），葱、姜、蒜切末备用（图❷）。
2. 调碗芡。将酱油、米醋、黄酒、白糖，三分之二的葱末、姜末、蒜末和适量盐、香油、淀粉放到碗中调匀（图❸）。
   ◎ 尽量把盐和白糖搅拌至溶化。
3. 大火将锅烧热，倒油，八成热时放入鸡蛋，炒熟盛出备用（图❹）。
   ◎ 炒鸡蛋时油量要多些，而且油温一定要高，这样炒出来的鸡蛋才柔软蓬松，口感才好。
4. 锅烧热，倒油，油量要多些，五成热时放入腌好的羊肉，滑熟捞出备用（图❺）。
5. 锅中留一点儿底油，大火烧热，放入剩余的葱末、姜末、蒜末爆香，然后放入滑好的羊肉和炒好的鸡蛋略翻炒几下，倒入碗芡快速翻炒上色即可（图❻）。
   ◎ 炒好的鸡蛋和滑好的羊肉下锅前一定要控一下油，否则菜会太油腻。
   ◎ 将大部分葱末、姜末、蒜末放到碗芡中，这样炒出的菜香气更足。
   ◎ 菜炒好后看上去鸡蛋和肉好像黏在一起，但这不是因淀粉太多而导致的那种黏黏的感觉，而是因勾芡到位、鸡蛋和羊肉结合得很好、碗芡全部包裹在原料上而形成的毫不松散的那种感觉。

Tip
◎ 炒羊肉片最好选用羊里脊（也叫羊上脑），或者后腿肉，这两个部位的肉最嫩。

肆

原料

1

2

3

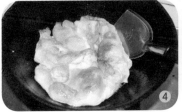
4

5

6

老罗说菜

清真美食

清真美食是中华美食的一朵奇葩，其中很多美食是以牛羊肉为主料的。著名的清真美食有兰州拉面、羊杂汤和面肺子等，让你在滋补的同时过足嘴瘾。北京的清真菜也是相当出名和精致的，在中国的清真菜里占有重要的地位。北京的牛街是清真小吃的天堂，想吃好吃的牛羊肉不妨来这里试试。

家常大烩菜

各种美味聚一锅

🐟 试问谁家没把几种菜烩在一起过？一定做过，只是南北各地所用的食材不尽相同而已。你一定试过将前一天的剩菜和剩饭烩在一起吃，味道还是蛮好的。本书介绍的这道烩菜可以说是北方最普通的一种，但是你可不要小看这道菜，它非常下饭。

主料

土豆	100 克
青椒	100 克
胡萝卜	100 克
干粉条	50 克
五花肉	100 克

调料

酱油	20 克
醋	2 克
黄酒	10 克
香油	1 克
盐、葱、姜、蒜	适量

做法

1. 粉条提前用开水浸泡。土豆去皮、青椒去籽、胡萝卜去皮后分别洗净。土豆和胡萝卜切稍厚一点儿的片，青椒掰小块（图❶）。葱切小片，姜切丝，蒜切末。五花肉切大片备用（图❷）。

   ◎ 土豆和胡萝卜不要切得太薄，否则容易炖碎。
   ◎ 粉条无须泡太软，因为后面还要炖。

2. 锅烧热，倒油，放入肉片炒散，放入一半的葱片、姜丝、蒜末，再放入 5 克酱油和 5 克黄酒炒香出锅（图❸❹）

   ◎ 提前将肉炒一下可以让肉更入味。炒土豆片的时候需要先煸炒一会儿，因此最好提前把肉炒出来。

3. 锅洗净烧热，倒油，放入土豆片和胡萝卜片，大火煸炒 1 分钟，要不停地翻动（图❺）以防土豆粘锅。然后放入青椒，煸炒半分钟后放入肉片、剩余的酱油和黄酒，再放入剩余的葱片、姜丝、蒜末爆香（图❻）。倒入开水，加盐和少许醋烧开，放入粉条搅匀后用大火烧开，盖上锅盖，转中小火烧七八分钟，直至土豆软烂，最后撒一点儿蒜末，放一点儿香油即可出锅（图❼）。

   ◎ 青椒不能和土豆同时下锅，否则做好后青椒就会又黄又烂。
   ◎ 水面应和所有原料持平，水不宜太少，因为粉条比较吸水，土豆中淀粉较多，汤汁很容易烧干。最后汤汁无须收干，因为吃的过程中粉条还会吸收一些汤汁，如果太干粉条就坨了。

肆

原料

1

2

3

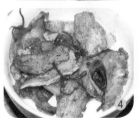
4

5

6

7

老罗说菜

山西的粉条

　　粉条主要分土豆粉和红薯粉，其中土豆粉以柔韧透亮、口感筋道为人所喜欢。爱吃粉条的人知道哪些地方出产的粉条最好吗？山西肯定名列其中。河北和内蒙古产的粉条也很好。因为这些地方产的土豆品质很好。现在我们吃到的粉条多是机器做出来的，规格一样。而在以前，人们大多自己在家做粉条。手工粉条口感肯定是机器做的所无法相比的，那种口感真让人怀念。

第五章 小菜一碟

凉菜是每个家庭的餐桌上必不可少的

每天都吃相同口味的凉菜实在是无聊至极

层次丰富、口感独特，

这样的凉菜才是我们所需要的，

才能刺激生活在这个物质极大丰富的社会之中的

我们略显麻木的口舌。

本章介绍了10款比较经典的南北风味的凉菜，

款款都会让你食指大动。

来吧，

为自家的菜单增添一些让人感叹和疯狂的美味吧！

盐水鸭肝

百姓家的下酒菜

🐦 下酒菜不需要有大鱼大肉，一盘花生米、一盘拍黄瓜，再来一盘盐水鸭肝，就可以让两个人吃得开开心心，忘记不快，忘记烦恼……鸭肝和鸡肝皆是廉价之物，但做好了其实很好吃，口感细腻，风味绝佳。下次喝酒时就来一盘盐水鸭肝吧！

主料	
鸭肝	500克

调料	
花椒	40粒
大料	5个
桂皮	1块
香叶	6片
干辣椒	3个
盐、小茴香、黄酒	适量
葱、姜	适量

做法

1. 锅中加冷水，放入泡好的鸭肝，大火烧开后转中小火，撇去浮沫，煮熟后捞出（图❶❷）。

◎ 煮鸭肝时最好冷水下锅，这样在煮的过程中还可以出一部分血水，如果热水下锅，鸭肝表面受热凝固，里面的血水就出不来了。

◎ 鸭肝非常容易煮老，所以要用中小火；浮沫要随时撇掉。

◎ 由于每家炉灶的火力存在差异，煮3分钟后可以捞一个大一点儿的鸭肝掰开看一下是否有血丝，如果有就继续煮，总共大约需要煮六七分钟。

◎ 鸭肝一定要一次性煮熟，如果没煮熟就捞出来，冷却后再重新煮就非常不容易煮熟，而且口感会变差。

2. 葱切段，姜切片备用。锅中加水，放入葱段、姜片和香料，大火烧开后转小火煮10分钟，然后放入黄酒和盐搅匀，最后放入鸭肝，大火烧开后转小火煮半分钟，关火后浸泡半天即可食用（图❸❹）。

◎ 一定要先将香料的味道煮出来再放黄酒和盐，如果将黄酒和香料同时下锅煮，黄酒就会全部挥发掉。

◎ 盐的用量依个人口味而定，加盐后可以尝一下，盐水必须比较咸才可以，如果盐水不够咸，浸泡好的鸭肝味道肯定会淡。

◎ 鸭肝下锅后一定要将盐水再次烧开，小火煮半分钟杀菌，这样鸭肝在短时间内才不会变质。

3. 食用时可以将鸭肝切片，蘸着用醋、蒜蓉、生抽和香油调成的汁吃。

> *Tips*
> 🌶 尽量用鲜鸭肝。
> 🌶 要提前将鸭肝用冷水浸泡几小时以去除血水，泡至颜色发白。

伍

原料A 原料B ① ② ③ ④

老罗说菜

最简单的也许就是最美的

　　盐水类凉菜比较多，除鸭肝外，鸡胗、鸡心、鸭胗和鸭心等都可以用这种方法卤制。盐水其实也算卤水的一种。俗话说"咸为百味之本"，如果没有咸味，那么其他味道就很难体现出来。盐水类凉菜既保留了原料的本味，又有香料的香味，令人回味无穷。这道菜用料简单且原料廉价至极，是一道性价比极高的平民菜肴，值得一学。

清火杏仁芹

芹菜叶变废为宝

"芹，素物也，愈肥愈妙。取白根炒之，加笋，以熟为度。"这是《随园食单》中对芹菜的一段描述，但此处我介绍的这道菜用的不是"白根"，而是芹菜叶。芹菜叶经常被扔掉，实在可惜，这道菜正好变废为宝，而且做好后无论口感还是味道都极好。不喜吃芹菜的人也可一试，说不定你会爱上它。

主料	
芹菜叶	200 克
杏仁	适量

调料	
蒜	10 克
盐	2 克
醋	10 克
香油	2 克
干辣椒	2 个

1. 将袋装鲜杏仁包装中的液体倒掉，用冷水冲洗几遍后浸泡一会儿（图❶）。

   ◎袋装鲜杏仁包装中的液体是盐水，有咸味，最好先将杏仁冲洗几遍，然后浸泡一会儿。

2. 锅中加冷水，烧开后加点儿盐（用量单计），放入洗净的芹菜叶焯一下（图❷），捞出后立刻过冷水。再把杏仁焯一下，捞出备用（图❸）。

   ◎芹菜叶本身可以生吃，所以在开水里烫10秒钟即可，否则会变黄、变软。

   ◎焯完的芹菜叶要立刻过冷水才能保持翠绿，否则也会变黄、变软。

3. 芹菜叶攥干，切碎后和杏仁一起放到盘中。干辣椒掰开去籽，蒜切末备用。锅中倒少许油，放入干辣椒，炸至呈棕红色后倒在芹菜叶和杏仁上，放醋、蒜末、香油和盐拌匀即可（图❹）。

   ◎放一点儿现炸的辣椒油非常提味，但是不宜多放。也可以提前做好辣椒油，用的时候放一点儿。如不喜吃辣，可以不放。

> **Tips**
> ● 市售杏仁有两种：一种是袋装的水泡鲜杏仁；另一种是干杏仁。前者口感较脆，开袋后不易储存；后者口感稍差，但是可以存放很久，使用时用水浸泡一会儿即可。
> ● 这道菜所用的芹菜叶指芹菜叶子所在的部分，并不单单指芹菜的叶子。

伍

原料

1

2

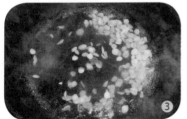
3

4

老罗说菜

爽口无比的一道小菜

　　芹菜叶比芹菜梗味道浓，尤其是放了醋和蒜以后，会散发出很特殊的香气。这种香气清爽无比，可以让你心情大好。我从小就喜欢吃这道小菜，那香嫩的叶子和清脆的杏仁让我不得不感叹生活的美好。

黄芥末时蔬拉皮

春天的模样和味道

🐦 感冒鼻塞时不妨吃一些放了芥末的菜，保证即刻让你开窍通气，虽然只是暂时的，不过在享受美味之余还能缓解鼻塞，何乐而不为呢？凉菜中放点儿芥末，再配上醋和蒜，给人的感觉就像是从酷热的太阳下突然走进一片原始森林，清凉的感觉和独特的辛辣味扑面而来，刹那间，鼻子通了……

主料

干拉皮、黄瓜 ————— 适量
胡萝卜、白菜帮 ———— 适量

调料

黄芥末酱 ——————— 适量
米醋、生抽 ————— 适量
白糖、香油、盐 ———— 适量
花椒、蒜 ——————— 适量

 做法

1. 蒜捣成泥，黄瓜、胡萝卜和白菜帮切条（图①），黄瓜加少许盐抓匀后略腌。胡萝卜条和白菜条放到开水中焯一下捞出（图②），沥干后撒上适量花椒拌匀备用（图③）。

   ◎ 最好将黄瓜籽去掉，否则会影响口感。腌黄瓜时放少许盐即可。
   ◎ 胡萝卜条和白菜条在开水里略焯一下即可，不用等水开，否则就面了，用花椒腌一下味道会更清香，吃起来更开胃。
   ◎ 用蒜泥拌的凉菜比用蒜末拌的味道好。

2. 干拉皮用开水煮至透明（图④），浸泡一会儿备用（图⑤）。

3. 调芥末酱。将适量黄芥末酱、米醋、花椒、盐、生抽、白糖、蒜泥和香油调成酱汁备用（图⑥）。

4. 拉皮捞出沥水。挑出腌白菜条和胡萝卜条时用的花椒。将腌黄瓜时出的水倒掉。所有主料放在一起，倒入调好的芥末酱拌匀即可食用。

Tip

🍴 这道菜制作简单，原料的比例可以依个人喜好而定，所以此处不给出精确用量。只要记住这道菜的主味是芥末味即可。

伍

原料　　1

2

3

4

5

6

诀窍与重点

芥末的种类

　　日常烹饪中用的芥末主要是绿芥末和黄芥末，有时还会用到芥末油。绿芥末主要用于吃海鲜刺身等生食时蘸食，和海鲜酱油搭配在一起，简单味美，但是辛辣味浓，一个不小心哥儿几个就哭得找不着北了。平日拌凉菜还是用黄芥末比较合适。黄芥末口感比较柔和，一般情况下吃多一点儿也不会流眼泪。黄芥末粉用温水调开后放在温暖的地方发酵一会儿，味道非常醇厚，是拌凉菜的不二之选。如果买不到黄芥末粉，可以用现成的黄芥末酱，味道也不错，只是没那么醇厚。芥末油则是在没有其他选择时才会用到，香气不足，而且辛辣味特别浓。

陈皮兔丁

兔肉高蛋白、低脂肪、低胆固醇。广东新会的陈皮是全中国最好的，但是把陈皮运用得出神入化的却是四川人。陈皮兔丁便是其中的翘楚，麻辣中带有浓厚的陈皮香味，回味微甜，让好麻辣口的人无法忘怀。虽然这是一道凉菜，但是制作过程和热菜相同，是一道典型的热烧冷吃的菜肴。

做法

1. 兔腿去骨后切成2厘米见方的丁（图❶），加少许黄酒和盐略腌。陈皮用水浸泡片刻后捞出沥水（图❷）。葱切段，姜切片，蒜拍碎备用（图❸）。

   ◎ 兔腿去骨方法和鸡腿的相同。兔腿也可以带骨剁成块，依个人喜好而定。

   ◎ 陈皮较干，如果直接用油煸，香气还未出来就会煳掉，所以最好用水浸泡一会儿以增加湿度，这样方便煸炒，香气也会释放得比较充分。

2. 锅烧热，倒油，七成热时放入兔丁（图❹），中大火炸至表面金黄捞出（图❺）。

   ◎ 炸兔丁前要对锅进行防粘处理（方法见第8页）。炸的时候油温要高，这样兔丁才能较快上色。

   ◎ 兔肉水分含量较高，为防止油迸溅出来，入锅后最好先盖上锅盖，待炸半分钟后再掀开，然后用筷子将兔丁搅散，以防粘连。

3. 锅中留少许底油，小火烧温后放入花椒炸5秒钟，再放干辣椒和陈皮，煸炒至二者表面呈棕红色且出香气（图❻）。

   ◎ 花椒和干辣椒不要炒煳，快呈棕红色时就可以放其他原料了。

   ◎ 陈皮入锅前尽量将水分沥干，以防油迸溅出来。

4. 放入葱段、姜片和蒜略煸，然后放入炸好的兔丁，转中火，放入黄酒、酱油和白糖翻炒均匀，加适量水（没过兔丁即可）大火烧开（图❼），盖上锅盖转小火烧20～30分钟，将汤汁收干，最后加醋和少许香油翻炒均匀（图❽），晾凉后即可食用。

   ◎ 醋最后放才会保留淡淡的醋香，如果提前放，在烧制的过程中醋会挥发掉。

主料

兔腿	500 克

调料

陈皮	5 克
干辣椒	10 个
花椒	30 粒
白糖	10 克
酱油	10 克
醋	5 克
葱	15 克
姜	10 克
蒜	10 克
盐、黄酒、香油	适量

Tip

● 陈皮价格差别较大，应尽量到正规药店购买，药店里成色好的陈皮比市场上那些劣质的贵不少。

伍

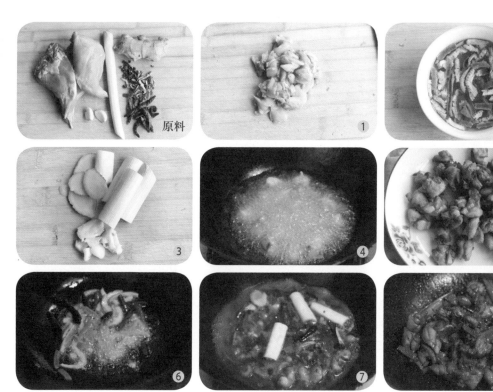

原料　1　2

3　4　5

6　7　8

川香口水鸡

学习配制川辣红酱油

🐦 红油和鸡肉特别搭，无论是怪味鸡、口水鸡，抑或是香辣鸡，都离不开红油。鲜嫩的鸡肉浇上醇香的红油，泼上特制的红酱油，在蒜泥和醋的调剂下是那么完美。皮脆爽而味咸鲜、香辣回甜，你的牙齿刚一接触到鸡皮，香气就会充满整个口腔，你立刻会感到无比满足。

1. 鸡肉处理干净。锅中倒水，烧开后放入花椒、葱段、姜片和适量黄酒，然后放入鸡肉，小火慢慢将其烫熟（图）。

⊙ 煮做凉菜用的鸡肉时，千万不能用大火，否则鸡肉一下子就会变老、变柴，需要用小火使水温保持在99℃左右，也就是用将开未开的水将

主料	
公鸡	1只（约750克）

调料	
花椒	10粒
葱	3小段
姜	5片
红酱油	30克
醋	10克
香油	5克
花椒油	5克
红油	40克
蒜泥	10克
白糖	15克
熟花生碎、熟芝麻	适量
黄酒	适量

160

鸡肉烫熟，这样烫好的鸡肉口感非常细嫩。

◎ 烫大约5分钟后将鸡肉捞出，倒出鸡腹中的水，然后将鸡肉再次放入锅中。因为锅里的水不开，循环不好，鸡腹中的水较凉，鸡肉不易熟，所以在烫的过程中需要如此反复将鸡肉捞出两三次，使鸡腹内外的温度保持一致。捞的过程中小心别将鸡皮弄破。

2. 调料汁。取一个碗，先放入红酱油和白糖调匀（图❷），再放入醋与蒜泥调匀，最后放入红油、花椒油和香油调匀（图❸）。

◎ 调料要按顺序放，油性调料一定要最后放，因为在放入油性调料前可以尝一尝调好的汁的味道。如果先放了红油，辣味会影响其他味道，尝的时候味道就会不准确。

◎ 先用酱油将白糖化开，然后放其他调料，因为白糖不容易化开。

◎ 料汁最好当天使用，尽量不要过夜，因为里面有蒜泥，放的时间长了味道不好。

3. 鸡肉烫20分钟差不多就熟了。准备一个大盆，盛满冷水（最好加些冰块）。将鸡肉从热水中捞出，直接放入冷水盆中，多换几次水至鸡肉完全冷却（图❹），捞出沥水备用。

◎ 用筷子扎鸡腿即可检验鸡肉的生熟，如果筷子拔出来后不带血丝就说明鸡肉熟了。

◎ 将鸡肉从热水中捞出后直接放入冰水中可以使鸡皮和鸡肉更脆嫩爽滑，口感更棒。此处借鉴的是广东白斩鸡的做法，典型的冰火两重天，当滚烫的鸡遇上冰冷的水，一定会有"故事"发生。

4. 将鸡肉剁块码盘，浇上料汁，撒上适量熟芝麻和熟花生碎即可食用。

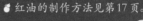

Tips

❀ 小公鸡肉质较嫩，容易熟，味道也不错，做凉菜尽量选用小公鸡。

❀ 可以配些可生吃的青菜，如黄瓜、莴笋等（依个人喜好而定）以清口解腻。

❀ 红油的制作方法见第17页。

伍

原料

诀窍与重点

四川凉菜的灵魂——"红酱油"

可能很多人不太清楚什么是"红酱油"，它是四川凉菜中非常重要的一味调料。这种酱油是用香料和一些其他调料熬煮或者浸泡出来的，比普通酱油味道好很多，醇厚、鲜美、香气十足。

红酱油的制作方法：将500克酱油、6个大料、1块桂皮、10克甘草、30克红糖放入锅中用小火煮10分钟，然后浸泡1小时即可。红酱油在四川有很多种做法，除了上面介绍的这种，还有一种比较耗时间的做法，就是将上述原料浸泡在酱油中（如图），无须加热，自然浸泡1个月，这样做出的红酱油味道更好，因为各种原料的味道会慢慢地自然融合。其中的红糖可以换成冰糖，但是最好别用白糖。

怪味鸡丝

怪之精微，口不能言

川菜有"一菜一格，百菜百味"的美誉，这绝非虚夸。四川有很多风味非常独特的菜，其中"怪味菜"就是因其非常有特色的酱汁而出名的。怪味菜的酱汁是将多种调料和谐地搭配在一起调配而成的，集麻、辣、咸、甜、酸、鲜、香于一身，互不压味，香气浓郁，令人食指大动。怪味菜中以怪味鸡丝最为有名。

主料

公鸡	1只（约750克）
黄瓜	1根

怪味汁用料

芝麻酱	25克
红酱油	50克
米醋	15克
白糖	15克
红油	30克
香油	10克
花椒面	2克
葱	5克
姜	5克
蒜	5克
熟芝麻	适量

烫鸡用料

花椒	10粒
葱	3小段
姜	5片
黄酒	适量

做法

1. 同第160页"川香口水鸡"步骤1（图❶）。葱、姜、蒜切末。
2. 调怪味汁。取一个碗，先放入红酱油、白糖和芝麻酱调匀（图❷），然后放入米醋调匀（图❸），接着放入葱、姜、蒜末调匀（图❹），再放入红油、香油和花椒面调匀（图❺），最后撒一些熟芝麻（图❻）。

   ◎ 调料要按顺序放，油性调料一定要最后放，因为在放入油性调料前可以尝一尝调好的汁的味道。如果先放了红油，辣味会影响其他味道，尝的时候味道就会不准确。

   ◎ 先用酱油将白糖化开，然后放其他调料，因为白糖不容易化开。

   ◎ 料汁最好当天使用，尽量不要过夜，因为里面有葱、姜、蒜末，放的时间长了味道不好。

3. 同第161页"川香口水鸡"步骤3（图❼）。
4. 鸡肉切成丝或者用手撕成丝，黄瓜切丝围边（图❽），淋上怪味汁，拌匀即可食用。

   ◎ 也可以将整只鸡斩成块浇汁或蘸汁吃。

Tips

- 小公鸡肉质较嫩，容易熟，味道也不错，所以做凉菜尽量选用小公鸡。
- 可以用黄瓜切丝围边，还可以加一些葱丝，依个人喜好而定。黄瓜和葱丝等主要起清口解腻的作用。
- 红油的制作方法见第17页，红酱油的制作方法见第161页。

原料 / 1 / 2 / 3 / 4 / 5 / 6 / ❼ / 8

诀窍与重点

煮制方法决定口感

　　鸡肉的品质和煮制方法是决定一道以鸡肉为主料的凉菜成功与否的关键。前面已经介绍过鸡肉的煮制方法是浸熟，而不是像平常那样用大火煮熟。大家都知道，大火煮熟的鸡肉最难吃的是鸡胸部位的肉，口感发柴，极难下咽。在你伸脖子、瞪眼睛艰难地咽下这块鸡肉的时候，你可曾想到这种既节能又能让鸡肉细嫩爽滑的方法呢？

蒜泥白肉

香辣鲜美、爽脆滑嫩

夹起一大片半肥半瘦的透明薄肉片，上面沾着芝麻和蒜泥，红油顺着肉片滴落。丢进嘴里，皮的脆爽与肉的软烂并不冲突，红油的香辣之气伴着蒜泥和红酱油的浓醇征服了每一位食客，最后牙齿不小心咬破一粒芝麻，带给人无尽的满足感，这便是蒜泥白肉。

主料

带皮猪前臀尖肉	500 克
黄瓜	1 根

调料

红油	40 克
红酱油	30 克
花椒油	5 克
蒜	1 头
大料	2 个
花椒	10 粒
葱	3 小段
姜	5 片
熟芝麻、香葱	适量

Tips

- 正宗的蒜泥白肉使用的是猪后臀尖肉，但现在的猪后臀尖肉普遍偏瘦，只有薄薄的一层肥肉，口感不好，所以最好选用肥肉相对较多的猪前臀尖肉或五花肉。
- 如果没有花椒油，可以将花椒焗熟后碾碎来代替。
- 红油的制作方法见第17页，红酱油的制作方法见第161页。

原料 ① ② ③ ④ ⑤ ⑥ ⑦ ⑧

1. 肉皮刮洗干净备用。锅中加冷水，放入肉、大料、花椒、葱段和姜片（图①），大火煮开后盖上锅盖，转小火将肉煮熟，关火后浸泡半小时（图②）。

   ◎ 肉不能煮太长时间，煮得太软会影响口感，而且切片时容易碎。

   ◎ 肉快熟时可以用筷子在瘦肉最厚的部位扎一下，如果没有血水渗出就表示肉煮好了。

   ◎ 肉煮好后在汤里浸泡一会儿以吸收更多的汤汁，这样肉的味道和口感都会更好。

2. 香葱切末，蒜捣成泥备用（图③）。黄瓜去皮后用削皮器削成长片，浸泡在冷水中（图④）。

   ◎ 捣蒜泥时加一点儿盐以防蒜汁迸溅，但不宜多加，否则会很咸。

3. 调料汁。取一个碗，依次放入蒜泥、红酱油

和少许肉汤调匀（图⑤），然后放入红油、花椒油和少许香葱末（图⑥），最后撒一些熟芝麻（图⑦）。

   ◎ 调料汁时一定要先放水性调料，再放油性调料。放入红油后不用再搅拌，这样料汁的味道层次感会更好。

   ◎ 红酱油比较咸，所以需要放一些肉汤中和一下，这样料汁的味道也会更鲜美。

   ◎ 料汁中一定要添加冷肉汤，如果添加热肉汤，蒜泥就会被烫熟，料汁的味道就变了。

4. 肉捞出，切成大薄片后围着盘子边码放一圈，将黄瓜片卷成卷后码放在盘子中间，将料汁淋在肉片上即可（图⑧）。

   ◎ 肉热的时候比较好切，冷却后肉质发紧不好切，切的时候要保证每一片肉上都既有肥肉又有瘦肉。

诀窍与重点

花椒油

　　很多川菜烹制时会用到花椒或花椒油，虽然二者的味道都是以麻为主，不过还是有区别的。花椒味道更直接，现做的花椒面味道极好。但如果你只想吃到花椒味而不想吃出花椒，那么花椒油无疑是更好的选择。花椒油的制作方法较多，有将花椒籽打碎了炼制的，有用花椒粒加水和油慢慢熬的，也有直接用温油浸泡的。不过想熬出好的花椒油，最重要的是要有好的原料。四川的汉源花椒和陕西韩城的大红袍花椒算得上中国最棒的花椒，是制作花椒油的首选。

老北京豆儿酱

自制放心美容佳品

老北京豆儿酱其实就是在传统肉皮冻里面添加一些豆子和豆腐干。豆腐干用的是北京的熏干，块头比那些薄薄的小香干大不少，清香味浓，能够解腻。肉皮下锅小火熬三四个小时，将汤汁熬黏稠后加入黄豆和熏干，传统的做法还要放一些水疙瘩丁（老北京人常吃的一种咸菜），味道会在瞬间得到升华。做好后放进冰箱冷藏，气温在零度左右时可以直接放在室外，第二天就可以享用了。吃的时候浇点醋蒜汁，保你吃完一整天心情都是愉悦的。

做法

1. 肉皮表面的毛刮净，焯水（图❶）（焯水时放一些葱、姜去腥）。稍晾一会儿，用刀将肉皮上的油脂去净（图❷），切细丝备用（图❸）。

◎ 可以用废弃的刮胡刀刮肉皮，逆着猪毛生长的方向刮，这样可以快速刮净。

◎ 一定要将肉皮上的油脂去净，否则炖出的肉皮冻会显得浑浊，不透亮。

◎ 切成细丝可以确保肉皮熟得更快，胶原蛋白析出得也会更充分。

2. 葱切段，姜切片，胡萝卜和熏干切小丁备用（图❹）。

3. 肉皮丝放入锅中，加热水（水面比肉皮丝高出约10厘米）。大火将水烧开（图❺），然后放入葱段、姜片、酱油、黄酒、盐、大料和干辣椒（图❻）。转小火，盖上锅盖焖2小时30分钟，放入泡好的豆子煮30分钟，最后放入胡萝卜丁和熏干丁，再次烧开后关火晾凉（最好晾一夜）（图❼）。

◎ 大火烧开后立刻转小火，水如果沸腾得太厉害，汤会变混浊，做好的肉皮冻就不透亮了。

◎ 水开后慢慢倒入酱油，让开水瞬间将酱油烫熟。水不开倒入酱油会有生酱油味。

◎ 如果来不及泡豆子，可以将其和肉皮同时下锅煮。

◎ 胡萝卜丁和熏干丁不宜久煮，入锅后等汤烧开就要关火，否则胡萝卜会煮烂，熏干的香气也会散发掉。

◎ 汤快晾凉时会变得比较稠，这时要搅拌几下让沉淀下去的肉皮丝等原料浮起来，以保证原料分布均匀。

◎ 如果不放酱油，做出的就是水晶豆儿酱，虽然好看但味道不及放了酱油的浓厚。

主料	
猪皮	500 克
黄豆	50 克
青豆	50 克
熏干	150 克
胡萝卜	70 克

调料	
黄酒	20 克
酱油	40 克
盐	10 克
大料	3 个
干辣椒	2 个
葱、姜	适量

Tips

❀ 熏干味道清香，带有烟熏味。如果买不到，可以用普通的豆腐干代替。

❀ 干豆子至少要用水浸泡8小时，最好浸泡12小时。

伍

1

4

2

3

5

6

7

 老罗说菜

豆儿酱的虚虚实实

外面卖的豆儿酱一块块看上去晶莹剔透，夹起来韧性十足，但里面可能没放多少肉皮。有些可能放了琼脂，更有甚者，放的可能是凝固性很强的胶质品，所以要想吃得放心，最好还是踏踏实实地在家里自己熬吧，好吃又干净。勤劳爱美丽的人们：爱生活，爱豆儿酱……

老汤酱牛肉

沉稳而不浮躁的醇香

酱牛肉可能是最为大众所接受的食物之一。无论口味多刁、多挑剔的人，面对好吃的酱牛肉都会食欲大振，一片接一片不住口地吃，而且还会觉得太薄的吃着不过瘾，喜欢稍微厚点儿的，最好还夹着筋，那口感甭提多棒了。

主料

牛腱子	1250 克

调料

黄酒	50 克
酱油	100 克
冰糖	60 克
盐	50 克
黄酱	50 克
葱、姜	适量

香料

大料	5 个
桂皮	1 小块
花椒	40 粒
香叶	6 片
草果	1 个
砂仁	6 个
白蔻	3 个
良姜	1 小块
荜拨	1 个
白芷	3 片
山柰	2 块
小茴香	1 小把
陈皮	1 块
干辣椒	2 个

Tips

- 最好选用前腿腱子，筋较多，口感极好。
- 香料如果找不齐，至少要有大料、桂皮、花椒、香叶、白芷、山柰和砂仁。将香料用纱布包好备用。

做法

1. 葱切段，姜切片。牛腱子洗净，冷水下锅，烧开后放少许葱段和姜片（图❶）煮5分钟。撇去浮沫（图❷），将牛腱子捞出备用。

   ◎牛腱子也可以先用水浸泡一两个小时，以去除一部分血水。牛腱子比较大，煮的过程中需要翻一次面。不用煮熟，只要把表面的杂质去掉即可。如果肉质特别好，肉也特别干净，可以不焯水。

2. 将香料包和牛腱子放入锅中，加热水（水面没过牛肉即可）。烧开后放入酱油、黄酒、葱段、姜片、黄酱、盐和冰糖（图❸），烧开后转小火盖上锅盖酱2～3小时即可（图❹）。

   ◎酱牛肉时不能用太大的锅。最好的状态是牛肉放进去后只剩一点儿空间，这样就不用加太多水了。水太多的话会吸走牛肉的香气，所以水既要没过牛肉，但又不能太多。
   ◎酱油要慢慢放，让水保持沸腾的状态，这样才不会有生酱油味。放入黄酱可以使酱牛肉的味道更加浓厚。
   ◎盖上锅盖，开最小火，使水保持略微沸腾的状态，这样水才不容易被耗干，炖1.5小时后将牛腱子翻一下面。
   ◎牛腱子酱好关火后不要立即捞出，在汤里浸泡2小时后味道更好。
   ◎第一次酱肉时调料要放足。香料可以用两次，第一次用完冻起来，第二次还可以用，第三次就要换新的，如此反复。所有调料从第二次开始不用放得太多，先尝老汤再酌量添加。

3. 酱好的牛腱子（图❺）如果一次吃不完可以切成块，用保鲜袋分别装好放入冰箱冷藏，可以存放2～3天。不过牛肉的味道会变淡，所以最好现做现吃。酱牛肉不宜冷冻，因为解冻后牛肉会出汤、变柴，味道也会变差。

原料　❶　❷　❸　❹　❺

伍

**诀窍与重点**

酱肉方式和老汤的保存

　　北方人把用添加香料的汤炖煮原料的方法叫"酱"，南方人则称之为"卤"。二者之间有细微的差别：一是所用香料不尽相同；二是所用调料也不尽相同。例如北方人会使用黄豆酱油、黄酱等，而南方人则会使用老抽、生抽等。酱（卤）肉时需要注意，香料的用量不宜过多，否则会盖过肉味，但是用得太少又起不到提香去异味的作用，所以一定要把握好"度"。酱肉的过程中可能会闻到较重的香料味，肉味相对较轻，这是正常现象。之所以出现这种现象，原因有二：一是初次酱肉使用的不是老汤，所以味道比较浮；二是酱肉是凉菜，香料味在热的时候比较重，冷却后就会变淡，肉的味道就会比较合适。如果香料放得少了，炖的时候可能觉得味道正好，凉了以后就会发现肉的香味不够浓。

　　如果想做出好吃的酱肉，一锅老汤是必不可少的，但是如何保存老汤呢？两种方法：如果经常做酱肉，最好将老汤保存在砂锅里，盖上锅盖放在常温下，每天烧开一次，夏季天气炎热时最好早晚各烧开一次。最好不要将老汤保存在不锈钢锅中，因为时间长了会发生化学反应。如果不经常做酱肉，最好把老汤倒进一个容器——如酱油桶——中，然后放入冰箱冷冻起来，使用时提前一天取出常温解冻即可。最好使用塑料瓶，而且不要装得太满，因为液体冷冻后体积会变大。

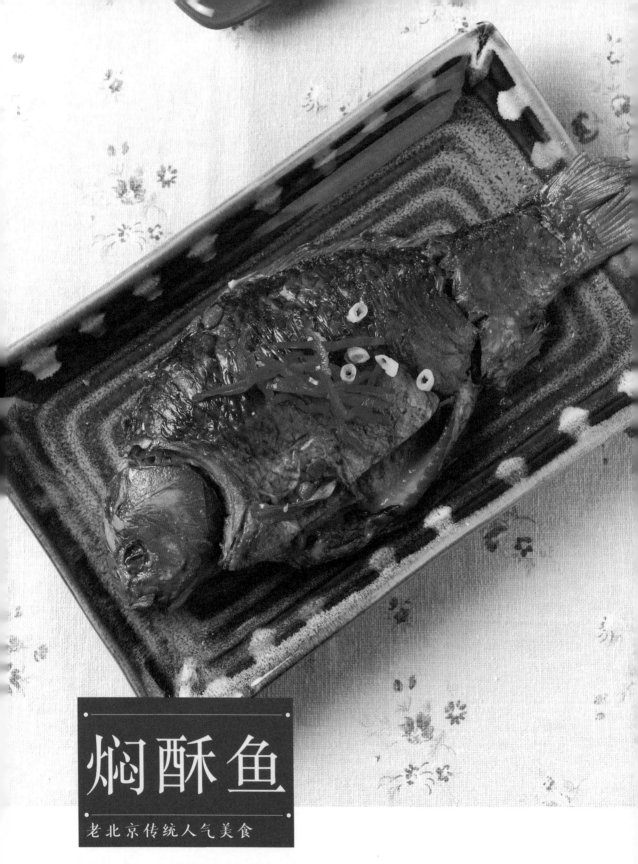

焖酥鱼

老北京传统人气美食

焖酥鱼是一道极好的下酒凉菜。鱼刺和鱼骨用嘴一抿即碎，鱼肉醋香十足，在口腔里穿梭，占据了每个角落。如果你患有口腔溃疡，香喷喷的焖酥鱼可以让你暂时忘记疼痛，功效堪比西瓜霜。赶紧来尝尝吧！

做法

1. 鲫鱼去除鱼鳞、鱼鳃和内脏，洗净沥干。白萝卜切1厘米厚的片铺在高压锅锅底（图❶）。

2. 五花肉切片，葱切段，姜切厚片。将大部分葱段和姜片撒在白萝卜片上（图❷）。将鲫鱼摆放在上面，撒上剩余的葱段和姜片，放入花椒、大料、干辣椒（图❸），然后放入米醋、酱油、黄酒、盐、白糖、干黄酱和五花肉片（图❹❺），盖上白菜帮（图❻），盖上锅盖（不装限压阀）大火烧开，转小火炖半小时后打开锅盖，沿着锅边淋入香油，然后盖上锅盖，大火烧开后装上限压阀，炖30分钟左右即可（图❼）。

◎用白萝卜垫底是为了防止粘锅。这样炖出的白萝卜非常好吃，被称作"鱼咸菜"。

◎焖制时间的长短与鲫鱼的大小有关。

◎这道菜制作过程中无须加水，因为鲫鱼、白萝卜、白菜帮都会出水，醋也足够多。

◎注意：这道菜中香油和醋的用量较大。醋主要起去腥和软化鱼刺的作用。香油主要起提香的作用。制作时先用小火将鲫鱼焖半小时再放香油，这样能使香气保留得更持久。

◎放五花肉可以使鱼肉更滋润。

◎放入干黄酱之前需要将其掰成小块或者用水稍微稀释一下。

◎如果不使用高压锅，使用普通锅，最少需要炖3个小时，不过味道会更好。普通锅炖的时间较长，香料的用量可以减半。

◎鱼刚做好时不要翻动，否则容易碎，等完全冷却后再翻动。

主料	
鲫鱼	4条（约800克）
白萝卜	1根
白菜帮	3片
五花肉	150克

调料	
黄酒	20克
酱油	30克
米醋	150克
香油	25克
盐	10克
白糖	60克
干黄酱	50克
大料	6个
花椒	20粒
干辣椒	2个
葱、姜	适量

Tips

● 鲫鱼越小越好。
● 白萝卜不必用完，铺满锅底即可。

伍

老罗说菜

传统焖酥鱼

　　烹制老北京传统焖酥鱼时一般使用鲫鱼。小鲫鱼，每条重量不足50克，北京人称其"鲫瓜子"，最适合做焖酥鱼。虽然收拾起来有点儿费劲，可是为了吃到美食这点儿耐心还是应该有的。用葱白垫底，放上调料烧开后放在火很小的煤灶上焖一晚，第二天早上在睡梦中都能闻到浓郁的香气。掀开锅盖，淡淡的醋香伴着鱼香扑面而来。待其放凉后我夹起一条，从鱼尾开始吃起，鱼肉绵软，鱼骨酥烂，让我差一点儿将舌头咬掉，吃完后毫不犹豫地又夹起一条……

第六章 特色主食

酒过三巡，菜过五味，就得来点儿主食了。

中国的主食非常丰富，粥、粉、面、饭、饼，

各种特色小吃，应有尽有，不像西餐除了意面就是面包。

本章介绍了几种特色十足的主食，

每一种都能挑起你的欲望，从北京卤煮到广东炒饭，

从山西面食到四川小吃。挽起袖子，开工吧！

扁豆焖面

好做好吃懒人饭

扁豆焖面有很多种做法，此处介绍的是山西做法，特点是使用的面条非常细，而且要先把面条蒸熟，再和扁豆一起焖。这样做好的面干香筋道，山西人称之为"卤面"。北京做法是把比较粗的生面条直接放进锅里和切成粗丝的扁豆一起焖熟，做好的面条相对较滑润。两种做法做出的焖面各有千秋，不过味道都很好。

主料

机切细面条	500 克
扁豆	500 克
五花肉	100 克

调料

酱油	30 克
盐	10 克
黄酒	10 克
香油、陈醋	适量
葱、姜、蒜	适量

174

原料

做法

1. 蒸锅中加水，烧开后将面条抖散放在蒸屉里上锅蒸 10 分钟。蒸完取出用筷子抖散后上锅再蒸 5 分钟（图❷）。

　◎ 蒸锅加水烧开上气后再放面条。面条在蒸的过程中需要取出抖散一次，否则会粘在一起。
　◎ 面条要等到和扁豆一起焖的时候再从蒸锅里取出，提前取出会变干。有些地方的做法是将蒸好的面条用香油拌匀再焖，这样不但不容易变干而且会更香。

2. 葱、姜切末，蒜切片，五花肉切小片（图❸），扁豆洗净掰成段备用。

3. 调料汁。将蒜捣成蒜泥，倒少许醋搅匀，再滴几滴香油（图❹）。

4. 锅中倒油，放入五花肉炒至变色后放入葱末、姜末、蒜片和黄酒（图❺），炒出香气后放入扁豆翻炒一会儿（图❻），然后放入酱油翻炒几下，倒入热水（水面和扁豆持平即可），大火烧开后（图❼）盖上锅盖，中火烧 10 分钟。

　◎ 扁豆多炒一会儿会熟得比较快。
　◎ 食用未熟透的扁豆会食物中毒，所以必须多烧一会儿。

5. 待锅中的汤汁变少一些时加盐，搅匀后倒出一半的汤汁备用（图❽）。

6. 把蒸好的面条平摊在扁豆上，盖上锅盖中火焖几分钟（图❾），待汤汁变少后（用锅铲铲起扁豆看一下）将碗里的汤汁均匀地浇在面条上（图❿），再盖上锅盖中火焖 5 分钟，待锅底只剩少许汤汁时关火，搅拌均匀后即可食用（图⓫）。

　◎ 焖面时一定要时刻关注面条和汤汁的情况，汤汁快干时马上关火，因为最后搅拌时还需要一些汤汁。
　◎ 盛出一碗汤汁浇在面条上一方面可以使面条更入味，另一方面可以避免在面条未入味而汤汁已烧干时无计可施。

老罗说菜

山西焖面随趣

　　记得幼时在山西时家里每周都要吃一两次焖面，大多是扁豆焖面，偶尔也会做蒜薹焖面，味道极好。用的面条比头发粗不了多少，口感真的很棒。当时人们还可以用家里的面粉去换面条，然后再支付五分或者一毛的加工费就可以了，因此当时都说"换面条"而不说"买面条"。每当要吃焖面的时候，我都会拿着妈妈准备好的装着面粉的小袋子和一点儿零钱，慢慢悠悠地去"换面条"。有时候回想起儿时的这些生活细节，感觉既美好又难过。喜怒哀乐乃至人生百味都存在于我们的生活中，且行且珍惜吧！

担担面

傲视群面的美味

面条在沸水中翻滚，用大竹笊篱一捞，热气在空气中划出一道白色轨迹后直接入碗，红油快速挚上面条，酱汁也不甘示弱，就在面条后悔从"温泉"里出来的时候，一小撮带着异香的芽菜肉臊子飞溅到他的身上，溅起油花无数，小香葱天女散花般掠过，最后面条绝望地看着该死的青菜油头粉面笑嘻嘻地轻轻压在他身上……

担担面是四川名小吃，味道不是盖的，集麻、辣、鲜、香于一身，刺激着我们的味蕾，一次又一次地让我们沉迷其中。

原料

1

2

3

4

5

6

7

8

 做法

1. 菠菜洗净备用。倒出芽菜，葱、蒜切末，豆豉剁碎备用（图❶）。
2. 制作芽菜肉臊子。中火将锅烧热，倒油，五成热时放入肉馅，用中小火煸至酥香、出油（图❷），放入豆豉和芽菜炒2分钟左右到出香气（图❸）。转大火放入黄酒和少许葱、蒜末（图❹），翻炒1分钟即可出锅（图❺）。

   ◎肉馅用四成肥肉六成瘦肉的，要煸得干松一些，要将肉里的油脂煸出，至出油的程度，这样煸出的肉末更健康，也更香。
   ◎大火能激发出黄酒的香味。

3. 花椒用小火煸炒后捣碎，做成花椒面（图❻）。
4. 调料汁（图❼）。碗中放入酱油、醋、盐、辣椒油、花椒面和少许温水搅匀。
5. 锅中加水，烧开后放入鸡蛋面，面条快熟时（图❽）放入菠菜。将少许葱、蒜末放入料汁中，捞出面条和菠菜，盛入装有料汁的碗中，上面撒上芽菜肉臊子即可。

   ◎葱、蒜末不要提前放，因为料汁里有温水，容易将葱和蒜泡得变味。
   ◎鸡蛋面不用煮得太软，否则口感不好。菠菜最后放进去烫一下即可。

陆

主料

鸡蛋面	250克
肉馅	100克
菠菜	100克
芽菜	100克

调料

酱油	30克
醋	20克
黄酒	10克
永川豆豉	10克
盐	4克
辣椒油、花椒	适量
葱、蒜	适量

诀窍与重点

芽菜肉臊子是关键

　　担担面中如果没有芽菜，就像人没有灵魂。芽菜风味独特，与其他调料的味道非常搭，它的作用无可替代。宜宾芽菜在四川非常有名，是将芥菜的嫩茎划成丝腌制而成的。记得我小时候吃的芽菜是一根一根的，黑乎乎的，看起来很难让人联想到美味。可是把它稍微用水冲洗一下，切成小段后放入开水中煮一下，再放两片五花肉，撒一些小葱花，绝对香气扑鼻。简简单单的原料却做出了极致的美味。现在很难见到那种整根的芽菜，市售的大多是袋装的碎米芽菜。

老北京炸酱面

一气呵成熬出好酱

老北京炸酱面可谓帝都的招牌美食，名气一点儿也不比烤鸭小。面馆里店小二的吆喝声都很有味道："里面请了您呐！"点几道北京小凉菜，烫一小壶二锅头，听着碗碟碰撞的清脆声，一口面一口大蒜，那感觉爽极了。

主料

面粉	500 克
水	250 克
鸡蛋	1 个
带皮五花肉	150 克
黄瓜、芹菜、豆芽	适量
黄豆、青豆	适量
心里美萝卜	适量

调料

白糖	20 克
黄酒	10 克
大料	2 个
干黄酱	200 克
盐、花椒、食用碱	适量
葱、姜	适量

Tips

- 五花肉要选肥一些的，太瘦的炸出的酱不香。
- 黄豆和青豆最好先浸泡10 小时，然后放入大料和花椒，小火煮半小时泡上当菜码。
- 如果喜欢吃筋道些的面条，和面时放 200 克水即可。

原料 A　原料 B　1　2　3　4　5　6　7　8　9　10

做法

1. 面粉中加少许盐和食用碱拌匀，放入鸡蛋（图❶），边搅拌边倒冷水，直至面粉完全变成絮状，将面絮揉成光滑的面团（图❷），盖上盖饧1小时。

◎ 饧面的过程中需要用力揉两次，使面团达到光滑滋润的程度。

◎ 鸡蛋和食用碱可以使面条更筋道。

2. 葱、姜切末，心里美萝卜和黄瓜去皮切丝，芹菜洗净切丁，豆芽洗净。五花肉切大丁备用（图❸）。

3. 干黄酱用水调开（不用放太多水，调开即可）（图❹）。锅烧热，倒油，油量要多些，中火烧至五成热时放入五花肉，煸炒片刻后放入葱末、姜末、大料和黄酒（图❺），待肉丁缩小吐油后放入调开的黄酱，大火烧开后放入白糖，小火慢炸直到酱浓稠、出香味（图❻）。

◎ 油要多放些，油量需要是平时炒菜用的4倍以上，酱非常吸油。如果油少了，炸出的酱不香。炸好的酱倒入碗中会出现油、酱分离的现象，所以不必担心会摄油过多。浮在酱上的油不但可以隔绝空气，使酱保持新鲜和滋润，而且等酱吃完可以用来炒菜。

◎ 肉丁不要炒得太干，炒熟后再炒10秒就可以放酱了，应该让肉香味释放在酱里而不是油里。

◎ 干黄酱比较咸，所以无须再加盐了，要加一点儿糖来中和一下咸味，使炸酱的味道更浓厚。

◎ 酱刚下锅时用大火，冒泡以后转小火。在炸酱的过程中要不停地贴着锅底铲动，否则会糊锅，酱就会有糊味。

4. 将饧好的面团放在案板上（图❼），擀薄（图❽），撒些面粉折叠起来切成面条（图❾）。芹菜和豆芽焯水。将面条煮熟（图❿），盛入碗中放上炸酱和菜码即可食用。

诀窍与重点

炸酱的种类

　　炸酱的种类很多，有用甜面酱做的，还有用一半甜面酱、一半黄酱做的，也有用纯黄酱做的；有放肉的，还有放鸡蛋的。味道各有千秋，做得好的话都很好吃。现在市售的酱品种也很多，干黄酱在北京比较常见。还有一种黄豆酱，味道和干黄酱差不多，只是比干黄酱稀一些，味道也不错，用来炸酱也很好。还有相当一部分人吃的是用甜面酱做的炸酱，味道偏甜，不过回味比较理想，也是不错的选择。你喜欢吃什么样的炸酱呢？在这个物质极其丰富的年代，你尽可以选你所爱的。

肥牛饭

让米饭粒粒有味

🐟　一碗冒着热气的肥牛饭摆在你的面前，光是散发出的香气就会让饥肠辘辘的你大咽口水。挖一勺裹着汤汁的米饭送入口中，吃一口薄如蝉翼的肥牛片，最后再吃几朵西蓝花和菜花，生活中所有的不如意都随风而去了。

1. 洋葱切丝，芹菜切段，胡萝卜切片备用。将部分洋葱丝、芹菜段和胡萝卜片放入汤锅中（图❶），加水（水要没过原料），大火烧开后转小火熬15分钟（图❷）。

　❍用蔬菜水调汤汁可以使汤汁的味道更丰富、更浓厚，而且还有营养。

主料

大米、肥牛	适量
西蓝花、菜花	适量
洋葱、胡萝卜、芹菜	适量

调料

生抽	30 克
蚝油	20 克
味噌	10 克
白糖	10 克
黄酒	5 克
胡椒粉、盐	适量

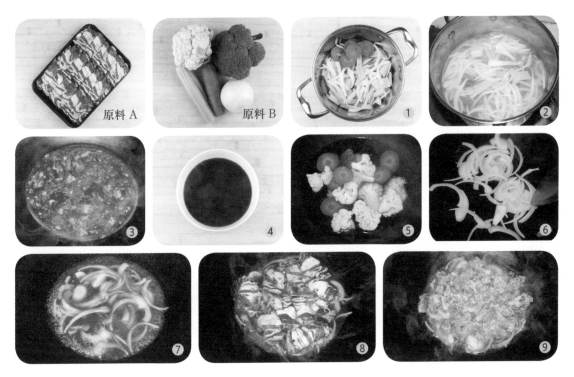

原料A　　　原料B

如果时间来不及，可以用水。

2. 调汤汁。锅烧热，倒入 400 克熬好的蔬菜水，然后放入生抽、蚝油、味噌、白糖和胡椒粉，搅匀后烧开（图③），盛出备用（图④）。

◎ 放入味噌后要搅匀，也可以提前将味噌用水调开。
◎ 汤汁的量可以制作两大碗肥牛饭。

3. 米饭盛入碗中压平。将西蓝花和菜花切成小块，与剩余的胡萝卜片一起放到开水中焯 1 分钟（图⑤），捞出沥水，摆在米饭上。

◎ 焯水时放一点儿盐，使蔬菜入一些底味，这样后面就不需要再调味了。
◎ 焯完的蔬菜一定要沥水，否则水会流到米饭里。

4. 锅烧热，倒少许油，放入剩余的洋葱丝爆香（图⑥），将汤汁倒入锅中烧开（图⑦），放入肥牛和黄酒，中火将肥牛煮熟（图⑧⑨）。

◎ 汤汁的味道已经够了，除黄酒外无须加其他调料。
◎ 肥牛非常薄，变色即熟，不宜久煮，否则会变老。

5. 把煮好的肥牛和洋葱丝捞出放在米饭上，适量浇些汤汁即可食用。

◎ 不用把汤汁全部倒进去，适量放一些即可，以免太咸。

> *Tips*
> ☙ 大米和肥牛的用量依个人喜好而定。
> ☙ 米饭提前煮好。如果没有味噌，也可以不用。

陆

诀窍与重点

蔬菜水

　　粤菜中经常用到蔬菜水，借鉴的是西餐的烹饪方法（西餐中很多酱汁调制时都需要使用蔬菜水或者将蔬菜和水一起打碎使用）。蔬菜水味道醇厚，可以使汤汁更诱人。制作蔬菜水可用的蔬菜主要有洋葱、胡萝卜、芹菜和番茄等。由于肥牛饭口味要求咸鲜，所以此处没有放番茄，以免出现酸味，影响味道，但如果你喜欢也可以放。

味噌

　　味噌在日本非常风靡，是一种发酵类调料，类似中国的黄豆酱和韩国的大酱，但是味道更鲜美一些，质地更细腻一些。烹制肥牛饭时在汤汁里加一些味噌能起到锦上添花的作用。

蒜香虾仁炒饭

养生与味道兼顾

不想做饭或者赶时间着急填饱肚子时人们常选择做炒饭，所以炒饭总是给人以凑合的感觉。可是当一盘表面撒着炸得酥香的蒜蓉、点缀着虾仁和碧绿的生菜丝、炒得金黄剔透的炒饭摆在你的面前时，你还会这么认为吗？

做法

1. 鲜虾去头、去壳、去虾线后洗净，生菜洗净切细丝，蒜切蓉。将一小部分蒜蓉和生菜丝放在一起（图❶）。鸡蛋打散备用。

   ◎ 虾洗净后加少许盐、黄酒、蛋清和淀粉略腌。
   ◎ 蒜一定要切得特别碎。

2. 锅中倒油，油量要多些，三成热时放入剩余的蒜蓉（图❷），小火炸至快呈金黄色时捞出，用餐巾纸吸去油脂备用（图❸）。

   ◎ 炸蒜蓉时一定要用温油，不能等蒜蓉呈金黄色时才捞出，否则蒜蓉会糊，因为捞出来后还有余温，所以如果捞出来时蒜蓉呈金黄色，过一会儿就会变成焦黄色，口感就会发苦。

3. 虾仁焯水，捞出备用（图❹）。

   ◎ 虾仁不宜焯太久，烫一下待变色、弯曲即可捞出，因为后面还要炒，焯太久口感会发柴。

4. 大火将锅烧热，倒少许油，四五成热时倒入鸡蛋，快速翻炒3秒（图❺）。放入米饭，中火炒散后加盐和胡椒粉，大火炒2分钟。放入虾仁炒1分钟，然后放入生菜丝和生蒜蓉炒15秒出锅（图❻），把炸好的蒜蓉撒在饭上即可。

   ◎ 炒饭时最好用2个蛋黄加1个蛋清，好看又好吃。饭店里做的炒饭有时用的全是蛋黄，所以呈漂亮的金黄色。
   ◎ 不用等鸡蛋完全炒熟再放米饭，油四五成热时倒入蛋液快速炒几下即可放入米饭，这时鸡蛋大部分还是生的，快速翻炒后米饭就可以被蛋液完全包裹住，这样炒出来的米饭就呈漂亮的金黄色。如果将鸡蛋用热油炒熟了，呈块状，不但米饭不会呈金黄色，而且炒出来饭和蛋是分离的。
   ◎ 生菜炒的时间不宜太长，否则会变黑。

主料	
米饭	250 克
鲜虾	200 克
鸡蛋	2 个
生菜	适量

调料	
盐、胡椒粉、蒜	适量
黄酒、淀粉	适量

Tip

❋ 炒饭用的米饭需要煮得相对硬一些。正宗的炒饭所用的米饭是专门煮出来的。煮的时候要少加一点儿水，而且要放一点儿油，使米粒更筋道、更润滑，这样炒的时候就比较好炒。家中炒饭没必要这么做，只需在煮米饭时少加一点儿水即可。

陆

原料

1

2

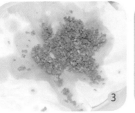
3

4

5

6

老罗说菜

经典的广东炒饭

　　炒饭在我国非常普遍。炒饭因制作起来方便快捷而深受大众的喜爱。炒饭品种繁多。北方人喜欢做鸡蛋炒饭，简单却也单调。最终还是细致讲究的南方人把炒饭高档化了。最有名的炒饭是扬州炒饭，不过现在反倒是广东版的扬州炒饭流传得更广。正宗的扬州炒饭做起来比炒两道菜还麻烦，虾仁、青豆、火腿、蘑菇等缺一不可，吃完后碗底全是油，虽香却也油腻。广东炒饭却是深谙养生兼顾美味之道，炒出来的饭干松清爽、粒粒分明、香气十足，而且广东炒饭品种繁多，如生炒牛松饭、咸鱼鸡粒炒饭、腊味炒饭等，让人眼花缭乱，好不向往。

腊味煲仔饭

让人意犹未尽的金牌主食

腊味饭注定是需要用心烹制的主食，烹饪时你要像照料自己最爱的家人或最好的朋友那般细致到位才可。人们看到它时必然会感到幸福，因为里面散发出来的不仅是浓浓的香气，还带着你对亲朋好友浓浓的爱意。

做法

1. 大米淘洗干净，用冷水浸泡1小时左右，放入砂锅中煮开，然后放上腊肉和腊肠，盖上锅盖小火煮25分钟（图❶❷❸）。

◎ 大米用水浸泡1小时以上，米粒可以充分吸收水分，煮出来口感更好，而且省时省火，不容易煳底。煮饭时水要一次加足。

◎ 做煲仔饭要求米饭不能太软（因为最后还要拌），所以同样的米放的水量要比平时放的稍微少一些。

◎ 腊肉和腊肠煮的时候不要切成小块，否则香味会跑掉，待米饭煮熟后再切，香味才会全部进入米饭中。

◎ 煮的过程中一定要开最小火，而且让锅底离火远一些，否则米饭容易煳。如果不小心将米饭煮得稍带煳味，插入两三段葱即可去掉煳味。

◎ 用矿泉水或纯净水煮的饭味道更好。

2. 调料汁。碗中倒入少许香油，将除香油外的所有调料放入锅中煮开后倒入碗中（图❹）。

◎ 这款料汁与做白灼芥蓝所用的料汁基本相同，但加了一些老抽。加了老抽的这款美食会让人更有食欲。

3. 鲜芦笋洗净备用。锅中倒入水，烧开后放一些盐，放入鲜芦笋焯片刻后捞出（图❺）。

◎ 加盐可以使鲜芦笋更绿，还可以入一些底味。鲜芦笋入锅，待水再次烧开即可捞出，煮久了会变黄。

4. 米饭煮好后，取出腊味趁热切成小厚片码放在米饭上。芦笋切小段后也码放在上面，淋上料汁（图❻❼），拌匀即可食用。

◎ 不要将料汁一次性全部倒入，先倒一小部分，拌饭的过程中尝一尝，如果味道不够再加。

◎ 米饭快煮好时，可以沿着砂锅壁滴少许油（最好用鸡油），这样做出的米饭非常香，而且会有焦脆的锅巴。

主料

| 广东腊肠、腊肉 | 适量 |
| 大米、芦笋 | 适量 |

调料

鱼露	10克
生抽	30克
白糖	5克
老抽	5克
美极鲜味汁、盐	适量
胡椒粉、香油	适量

Tips

◍ 腊肉和腊肠提前用60℃左右的热水泡几分钟，洗去表面的脏物。腊肉和腊肠一定要用广东产的，否则做出的煲仔饭味道不够正宗。

◍ 米饭、腊肉和腊肠的用量依个人喜好而定。

◍ 大米种类很多，不同的大米吸水率不同。一般而言，陈米比较吸水，新米不太吸水，所以煮饭时水的用量会有差别。

陆

1　　2　　3
4　　5　　6　　7

老罗说菜

广东腊味

腊味煲仔饭在广东和香港是最受欢迎的主食之一。腊味饭有无数版本，因所放腊味的不同而不同。除了腊肠和腊肉，还可以放腊鸭、腊鸡和腊鱼等，味道都很好。青菜也不是固定的，芥蓝、菜心、西蓝花、荷兰豆乃至通心菜都可以放，只需放到加盐的开水中焯一下便可，无须另行调味。有饭、有肉、有菜，一顿饭就这么简单地解决了。吃尽兴后坐在院子里的靠椅上饮一杯清茶，这种日子是多么地惬意。

石锅拌饭

五色养眼又养生

据传，韩国的情侣吃石锅拌饭时男士要为女士把饭拌好，若女士无法将饭菜吃完，男士就得将剩下的饭菜吃干净。据说这代表着男士对女士的深厚爱意。营养丰富、味道鲜美的石锅拌饭，你也尝一尝吧！

做法

1. 菜全部洗净后切成5厘米长的段（图❶）。鲜蕨菜和胡萝卜中加少许盐略腌（图❷）。牛肉和洋葱切末（图❸）。蒜捣成泥备用。

◎ 要想成品更好看，最好将胡萝卜和鲜蕨菜分开进行腌制。

2. 鲜蕨菜和胡萝卜用少许油煸炒几下出锅备用（图❹）。金针菇、豆芽和菠菜分别用开水稍烫一下（图❺），出锅后加少许盐、蒜泥和香油拌匀。锅中倒少许油，放入牛肉末和洋葱末煸炒片刻，加少许酱油炒熟（图❻）。

◎ 金针菇、豆芽和菠菜烫一下即可，因为后面还要放到石锅中焖。
◎ 牛肉末要炒得稍微干一些。炒出来的汤倒掉不要。

3. 石锅内壁刷一层香油（图❼），小火烧热，将米饭放进去按平（图❽），再将所有菜放在上面，盖上盖中小火焖几分钟，待发出嗞嗞声即可。

◎ 最好用小刷子刷香油，香油放多了口感较腻。
◎ 米饭一定要按一下，使其底部紧贴锅底，这样才会有锅巴。
◎ 鲜蕨菜有苦味，所以要先炒一下，这样再经过焖制苦味就会淡很多。

4. 煎一个鸡蛋放在做好的饭上，再放一些韩国辣酱即可食用。

◎ 煎蛋的熟度依个人喜好而定。

主料

鸡蛋 ·························· 1个
大米、牛肉、胡萝卜、桔梗
泡菜、金针菇、菠菜、豆芽、
鲜蕨菜、洋葱 ·········· 适量

调料

盐、酱油、香油 ······· 适量
蒜 ······························ 适量

Tips

● 桔梗泡菜也可以用泡发的干桔梗代替。
● 米饭提前煮熟，煮得稍微硬一些，饭粒要成形。如果煮得太软，拌好后口感较逊。

陆

原料

1

2

3

4

5

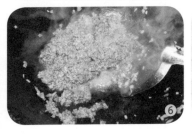
6

7

8

诀窍与重点

百变石锅拌饭

　　石锅拌饭是韩国特有的米饭料理。来一份石锅拌饭，配一碗香辣的大酱汤和几样小泡菜，一顿饭就可以吃得舒舒服服、暖暖和和的。石锅拌饭款式百变，色彩缤纷。制作拌饭的原料并无规定，除此处提及的几种菜外，其他很多种蔬菜和肉类，如西葫芦、南瓜、香菇、韭菜、木耳、鱿鱼、猪肉和明太鱼等都可以放。

长子炒饼

面食之乡的名小吃

 长子炒饼是山西长治的特色主食。虽然很多地方的人都会做炒饼，不过长子炒饼却有股说不出的香气。饼丝柔韧有嚼劲，味道鲜美，夹杂着蒜薹、肉丝和软糯的粉条，吃的时候放一点儿醋，就着蒜瓣，可以使你获得无法言喻的满足感。

主料	
面粉	250 克
水	150 克
白萝卜、蒜薹	适量
猪肉、粉条	适量
调料	
酱油	20 克
盐、醋、葱、蒜	适量

做法

1. 和面，然后饧 1 小时左右（图❶❷）。

◎ 和面时要边加水边搅拌，不能将水一次性加入面粉中。面团和好后饧面时需要盖上锅盖或者湿布。

2. 白萝卜切成跟蒜薹差不多粗细的丝，蒜薹切段，猪肉切丝，葱、

Tip

🍃 最好选带点儿肥肉的猪肉。饼如果一次吃不完可以分两次炒。

蒜切末（图❸），粉条用温水浸泡。

◎粉条不用泡得太软。

3. 将饧好的面团搓成长条，然后切成小块，压扁，在一面刷上油，另取一块面饼压在上面（图❹），擀成饼状（图❺），放到饼铛里烙熟（图❻）。烙好的饼切丝备用（图❼）。

◎长子炒饼使用的是在家自己烙的饼，而不是从外面买的大饼。饼的制作方法和春饼或者搭配烤鸭吃的荷叶饼差不多，不过要稍厚一些，口感也更筋道。

4. 锅烧热，倒适量油，放入肉丝，煸炒几下后放入葱末，煸炒出香气（图❽）。放入蒜薹和白萝卜丝炒10秒左右（图❾），加酱油和盐，翻炒均匀后加少许水，把粉条放到菜中间（图❿），把饼丝铺在上面，盖上锅盖，中火焖3分钟（图⓫）后大火翻炒均匀，放入蒜末和少许醋炒匀即可（图⓬）。

◎炒饼时油要多放一些，饼比较吸油，如果油少了，就会变得干巴巴的，口感不好。

◎肉丝不用腌，这样炒出来有一种特殊的干香味。

◎加少许水焖一下是为了防止粘锅，而且原料也能更好地入味。做圆白菜炒饼时也可以这样做。

儿时悲催的吃炒饼经历

　　由于家里有医务工作者，我儿时很少被允许在外面吃饭，所以吃刚出锅的长子炒饼一度就成了我的奢望。上初中时有个同学是长子县人，我和他关系很好，经常去他家玩。有一次正巧赶上饭点，他留我吃饭，我立刻婉言谢绝了，因为家里有严格规定，不许我在别人家吃饭。可是当我看到餐桌上的竟然是我思念已久的炒饼时，我动摇了……当同学的家人再次诚意挽留时，我妥协了，带着负罪感坐到饭桌旁，一大碗炒饼呀……"叔叔，还有蒜吗？"我一边不住嘴地吃，一边惶恐不安地想着回去如何交代。

鸡油葱花饼

不用配菜也很满足

北方人的饮食以面食为主，几天吃不到面食就会感觉少了点什么。面条、馒头和烙饼几乎是每个北方家庭不可缺少的主食，其中烙饼尤其受到偏爱，特别是鸡油葱花饼，香葱的香气缠绕着鸡油的香气，让你无法抗拒，饼外酥里嫩，使你欲罢不能。

做法

1. 混合白糖与面粉，然后放入鸡蛋搅匀（图❶），再逐渐加水搅拌成面絮，和成面团，盖上保鲜膜饧1～2小时，其间要揉两次（图❷）。

◎ 白糖可以使饼更松软，鸡蛋可以使饼更酥脆。
◎ 冬天用温水和面，其他季节可以用冷水和面。也可以将白糖放到水中，待其化开后用来和面。面一定要和得软一些，这样烙出的饼才会比较软嫩。

2. 鸡油洗净，稍剁几下，入锅用大火炼，出油后放入花椒转小火熬，待鸡油缩小且呈焦黄色时关火（图❸）。

◎ 熬鸡油时要不停地搅动，不可熬煳，否则会有煳味。
◎ 500克鸡油能熬出150克左右的油。

3. 香葱切细粒备用（图❹）。

◎ 可以用热鸡油拌一下香葱，以激发出香气。不过需要现拌现做，葱遇热时间久了会产生异味。

4. 饧好的面团分成3份，取其中一份擀成薄面片，表面刷上鸡油，然后撒一些盐，均匀地撒上香葱（图❺），切井字花刀（图❻），一层一层地叠加起来后封好口（图❼），擀开（图❽），放到刷了鸡油的饼铛中烙至两面呈金黄色即可（图❾）。

◎ 烙饼时要用大火。烙至两面呈金黄色即可出锅，烙的时间太长饼会变硬。
◎ 饼铛上要多刷一些鸡油，饼的表面也要刷鸡油，以保证外皮酥脆。

主料	
面粉	500克
水	350克
香葱	150克
鸡油	500克
鸡蛋	1个

调料	
花椒	10粒
白糖	10克
盐	适量

Tip
❀ 烙饼时除了可以使用鸡油外，还可以使用很多异味比较小的动物性油脂，如猪油、鸭油等。

陆

原料 1 2 3 4 5 6 7 8 9

诀窍与重点

各种荤油饼

　　动物性油脂在烙饼的过程中起的最重要的作用是使饼酥脆。山西有一种烧饼是用驴油烙的，非常酥脆，口感极好，而且香气很足。北方人经常吃的驴肉火烧也是用驴油烙的，刚出锅时咬上去感觉像是在吃薯片——满口香。

卤煮火烧

费时费力也心甘情愿

寒冬腊月的夜里，摆摊的人在小三轮车上支着炉子，炉子上坐一口铁锅，锅上盖着可以折叠的木锅盖，远远看去热气腾腾的。走近一看，炸豆腐和猪下水在锅里上下翻动。点上一碗，放一些酱豆腐、韭菜花、蒜汁、香菜、葱花和辣椒油，边吃边喝点儿二锅头，惬意极了。

主料

猪大肠	1000 克
猪肺	1 个
猪肚	1 个
卤水豆腐	500 克
面粉	500 克

调料

酱油	100 克
冰糖	20 克
盐	20 克
干黄酱	20 克
黄酒	20 克
葱、姜、二锅头	适量
郫县豆瓣、豆豉	适量

调料

大料	3 个
桂皮	1 小块
白芷	2 片
山柰	2 片
香叶	5 片
砂仁	3 个
花椒	20 粒
干辣椒	3 个
肉豆蔻	1 个

Tips

- 做这道菜一定要用生的猪下水，不能用半成品。
- 最好用卤水豆腐，也就是北豆腐。南豆腐太嫩，易碎且口感略差。

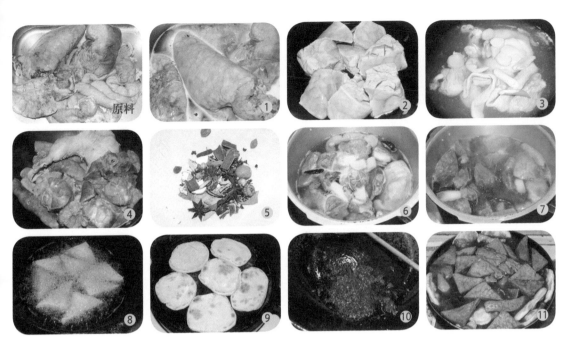

原料

1 2 3

4 5 6 7

8 9 10 11

做法

1. 猪肺灌水至原来的五六倍大再将水放掉，反复几次。猪大肠和猪肚翻面去油，用盐和醋搓洗。猪肺切大块，猪大肠切段备用（图①②）。

◎猪肺里有淤血和杂质，用灌水的方法即可洗净。
◎猪大肠和猪肚一定要用醋和盐搓洗，这样能去掉很多黏液。

2. 大葱切段、姜切片。锅中加冷水，放入猪大肠和猪肚，再放入一部分葱段和姜片，以及二锅头和花椒，撇去浮沫后煮5分钟捞出，再放入猪肺焯10分钟，捞出后和猪大肠、猪肚放在一起沥水备用（图③④）。

◎因为猪肺比猪大肠和猪肚杂质多，故最后焯水。
◎猪肺会浮在水面上，要多焯一会儿。焯水的过程中要多翻动，以使其均匀受热。
◎要多放一些葱段、姜片、二锅头和花椒，尤其是二锅头，因为猪下水异味很大。

3. 把所有香料（图⑤）用纱布包好备用。高压锅中加冷水，烧开后放入焯好的猪下水，水面高出猪下水10厘米左右（图⑥），放入酱油、干黄酱、盐、冰糖、葱段、姜片、黄酒和料包，盖上锅盖，烧开后装上限压阀炖20分钟（图⑦）。

◎也可以用普通锅小火炖2～3个小时，味道会更好。

4. 豆腐切三角形大厚片，放入油中大火炸至两面金黄（图⑧）。面粉和水按照5：3的比例和成面团，饧半小时后烙成小饼备用（图⑨）。

◎饼的大小和薄厚依个人喜好而定，建议做成直径10厘米、厚8厘米的，饼越薄在汤里越容易入味。如果不喜欢口感太硬的，和面时可以放一点儿酵母，这样做出的面饼会软一些。但是酵母不宜多放，否则做出的就是发面饼，放在汤里一泡容易烂。

5. 郫县豆瓣和豆豉剁细。锅中倒少许油，放入剁细的郫县豆瓣和豆豉煸出香气（图⑩），把炖好的猪下水连汤倒入锅中，放入炸好的豆腐和饼（尽量放在猪下水的下面），盖上锅盖小火煮半小时以上，待汤汁浓稠、面饼和豆腐入味即可食用（图⑪）。

◎将郫县豆瓣和豆豉煸炒一下以更好地激发出香气。以前老北京传统做法也有炒酱这一步，只不过用的不是郫县豆瓣。
◎豆腐和面饼入锅后至少要煮半小时。
◎汤汁宁淡勿咸，因为吃的时候会加很多小料，其中大多是有咸味的。

诀窍与重点

卤煮火烧的吃法

　　首先捞出一部分猪下水、炸豆腐和面饼，然后将猪大肠切小段，猪肺切片，猪肚切条，豆腐切块，面饼切菱形块，全部放入大碗里，再浇几勺卤煮汤就可以吃了。当然，如果再加一点儿蒜泥、芝麻酱、韭菜花、酱豆腐、辣椒油、葱花、香菜末和老陈醋，那味道就更提有多棒了。虽说卤煮是小吃，可能无法和北京烤鸭相提并论，但它可是老北京人心中的传统美味。

家宴

人生如宴，酸甜苦辣尝遍，一碗清粥散场，有人笑，有人愁。

当年在酒店工作时结交了一帮好哥们儿，从实习生到部门主管都有，叱咤厨房，见鱼杀鱼，见虾灭虾，外国大厨来了也得让我们三分！

随着时间的推移，大家伙各自刨食儿去了，大部分都离开了，有做销售的，有做生意的，有坐家里的（比如我）……再接下来各自成家生子，时间更是有限，有时一年也未必能聚齐一次，但是当年的情义却一直延续着。

前几天，骆驼给我打电话说哥儿几个想聚聚，问我有时间没。我痛快地答应了，随即脑子一抽，说："要不你们都来我这儿吧，我给你们做几个菜，咱别出去吃了。外面没啥可吃的，菜里全是味精，每次吃完这嘴都木得像让人用牛筋底儿的鞋抽了似的，还得狂喝水涮嘴！"骆驼一听就来劲了："成啊！那又省钱了！"

放下电话，我怔了半晌，差点儿跳起来狠狠抽自己一个嘴巴——你说我是不是闲的，天天做饭还做不够，还折腾！没辙，话撒出去了，肯定收不回来了。关键这帮人可不好伺候，都是后厨出来的，嘴一个比一个刁，要不然吃饭前跟他们签一份合同，合同里明确规定只能捧不能啐？

虽然我做事儿一向是临阵磨枪，但后天就是这几个哥们儿来吃饭的日子，我得赶紧准备起来了。

首先得定好菜单。是准备一缸炸酱，弄一盆"锅挑儿"，来七七四十九个菜码，让他们吃自助呢，还是费点儿劲弄几个小菜呢？前者光鲜亮丽但容易伤筋动骨，家宴还是要重质不重量，就弄几个小菜吧！

经过一翻琢磨，我拟订出八九个菜：俩凉菜——老醋三宝、葱烧鲫鱼；6个热菜——双福炖排骨、香辣灯笼鸡、蒜香石锅虾、豉油脆鲜鲍、黑椒金针菇肥牛卷、白灼罗马生菜；一个汤——正好今天和家人出去吃烤鸭，回头煮个鸭架汤！再弄两箱听啤，家里还有两瓶白酒，一瓶窖藏半年的红酒，一瓶窖藏8年的女儿红，这就齐了。

头天准备工作

别看在饭店点八九个菜没一会儿工夫就全上来了，但要想在家里做八九个菜，难度颇大。空间问题、火力问题、人手问题……全是问题。所以，必须提前一天甚至两天就开始准备！

如何准备呢？原则就是能提前处理出来且不影响第二天成菜口感的，那就一定要提前处理出来。如果都想当天处理，无异于自断后路，而且时间也不好控制，会让客人等很久。

【凉菜篇】

我这人实在，请人吃饭全是硬菜，不喜欢太多凉菜，所以就只做两道凉菜来点缀一下。

老醋三宝做法很简单，但是很爽口，三样食材能够让口感更丰富。

皮蛋提前剥好，但是不能切，当天再切，否则跑味儿。我特别喜欢那种中间是溏心的黄黄的皮蛋，小时候经常能吃到，现在很少见，都是又黑又硬的。

花生米晚上睡前炸好晾凉，密封保存，可保持酥脆。若有新鲜甜嫩的花生米，去皮直接用醋泡也很好吃！藕片也可以提前焯好，密封备用。

老醋汁有两种调法，一种是生调，一种是熟调。生调就是把陈醋、生抽、糖、香油这些调料直接倒进碗中搅匀即可；熟调就是把调料下锅烧开，晾凉再用，这样做味道更醇厚一些。

因此，老醋三宝这道凉菜是必须头一天准备出来的。

◇◇◇◇◇◇◇◇◇◇◇◇◇◇◇◇◇

葱烧鱼是一道小凉菜。这道菜不能用肉大身沉的鱼，最好用鲫鱼。鲫鱼虽然刺儿多，但是肉质细腻，个头小，也易入味。这道菜葱香浓郁，冷吃最佳！

可以一次多做几条，想吃的时候从冰箱里取一条出来，配一杯小酒，一边看电视一边用筷子在密密麻麻的鱼刺中抠幼细的鱼肉吃。吃这种鱼急不得，一不小心就会被绵细的小刺卡住。

这道菜完全可以提前两天做出来，放冰箱里一点儿不耽误事儿。

鲫鱼整治干净，用少许黄酒和盐腌上（不腌也可），腌好下入七成热的油锅中炸至呈金黄色。鱼一定要多炸一会儿，这样在烧的时候才能吸收更多的汤汁，香味才够浓郁。炸完后捞出控油。

炒锅中放少许油，把大量香葱切长段铺在锅中，煎至焦黄出香气，然后把鱼铺上去，开大火，放黄酒、酱油爆出香气，倒一些热水，再放盐、糖、胡椒粉，烧10分钟。将鱼翻身再烧一会儿，待汤汁渐少变得黏稠便盛出来，放凉就行了。

看，两道凉菜已经完全不必操心了。

【热菜篇】

接着是重头戏。大家要记得，家宴菜品一定要有炒有炖才可以，如果全是炒菜会相当麻烦，备料会备得你发誓以后再也不准备家宴了；如果全是炖菜，你会发现家里缺锅！所以，要炒菜和炖菜双管齐下。

双福炖排骨是我自以为最牛的一道大菜。大肠、猪肚和排骨一起炖，何其豪放，配以郫县豆瓣，味道浓香鲜甜，足以撑起一桌家宴。

其中大肠和猪肚要头天准备，撕去厚厚的油层。不过，大肠要留一些先不处理，不然煮出来索然无味。用醋和食用碱将大肠和猪肚清洗干净，焯水，放入开水锅中，加高度白酒、葱、姜、花椒煮，但不要煮得过软，要有嚼头，因为后边还要和排骨一起炖。煮好后捞出晾凉，冷藏保存。

头天的工作基本完成。最后还需要做的是，临睡前把冷冻的肥牛卷放进冷藏室，让其慢慢解冻。这样比快速化冻减少了肥牛卷水分的流失。

本来想做一个羹类的汤，但是正好头天和家人吃烤鸭带回了鸭架，于是决定家宴当天喝鸭架汤。

附 录

正日子

△香辣灯笼鸡

　　早上 8:00 我就直奔超市。1 只青脚鸡、1 斤活虾、12 只中等大小的活鲍、1 把金针菇、1 把西芹、2 棵罗马生菜、1 把小白菜、几根黄瓜，齐活。

　　9:00 处理食材。

　　10:00 做火候菜，就是香辣灯笼鸡和双福炖排骨。

　　现在的鸡饲养时间太短，没什么味道，青脚鸡吃起来还有些味道，不过价格也不便宜。将处理好的鸡里外洗净，冷水下锅，放一些黄酒和葱、姜，烧开后小火煮 20 分钟左右捞出来，趁热抹一层老抽。

　　旁边一锅热油早已备好，看到这里你们是不是慌了？是不是已经意识到下一步我要干啥了？是的，其实我也慌了，差点儿把多年没穿的棉猴套身上再戴上墨镜。抹了老抽的热鸡还滴答着汁水，就这样被放到滚热的油锅中，发出凄厉的"惨叫"——噼里啪啦。而我也早已在滚烫的油花迸射的瞬间，使出金庸小说里的武林绝技"梯云纵"，左脚踏右脚，右脚踏左脚，想要飞身逃开。两只鞋全掉了，人却没有动——金庸老爷子又蒙人，这左右脚互踩根本就动不了嘛！

记得若干年前在酒店有幸为偶像金庸老爷子服务过一次，也算是缘分。我的大侠式炸鸡现场：残败凌乱的古神战场，天空被撕开，一只"火凤凰"浴油重生，它缓缓地升起，身披金色的虎皮纹，发出阵阵奇香，令众神惊叹。不过，它也真是悲催，刚重生，一会儿还得进砂锅。

就这样，战战兢兢炸完鸡。另取炒锅倒油，放花椒慢炸出香气，放入干辣椒和几味香料，煸炒出香气。倒入煮鸡的汤，放酱油、冰糖、盐、葱、姜和黄酒烧开后，将所有汤料倒进一口大砂锅中，再把"火凤凰"放进去，小火炖1小时左右即可。当然，过半小时最好翻一下面。

炸过皮的鸡再用麻辣料煮，味道也是无敌的，最好吃的一定是鸡皮！这道菜是我从一个在前门开私房菜馆的朋友那里学的，在川菜里叫"陈将军鸡"，是当年陈毅老总最喜欢的一道菜。什么人吃什么菜，脾气火爆的陈老总吃鸡也是火爆无比。

◇◇◇◇◇◇◇◇◇◇◇◇◇◇◇◇◇◇◇

△ 双福炖排骨

炖鸡占了一个灶，另一个灶可以用来做排骨。

将排骨剁块，头天煮好的大肠和猪肚也切大块，有时间就用热水焯一下，没时间就不焯。炒锅里放入剁好的排骨块，放一点点油，中火干炒至七八成熟，出现微微的焦边就可以了。

炒锅洗净，烧干后放一些油，再放郫县豆瓣和豆豉小火炒香出红油，然后放一些干辣椒碎炒香。开大火放黄酒、酱油爆香，下排骨、大肠、猪肚翻炒几下，再加热水烧开，加冰糖，然后慢火炖1小时左右，和炖鸡差不多同时完成。

郫县豆瓣是川菜的灵魂，烧菜非常好吃，炖肉也亦然，大家不妨试试。这两道菜煮上约11:00。

之后开始清理鲜虾。虾是活的，捏在手中不停地跳动。我心头火起，大声嚷道："再动就弄死你！"继而哑然失笑，它不动我就不弄死它了吗？

△蒜香石锅虾

△豉油脆鲜鲍

去虾枪、虾足、虾须、虾线、沙包，开背。取一口石锅，先放一大把小香葱盘着，再放一些姜片，把虾背朝上依次码好。

鲜鲍鱼去除内脏后洗净，打花刀，重放回壳中备用。西芹去筋丝，切小段备用。

一片肥牛卷一小撮金针菇，做12个左右，表面抹一层淀粉备用。

罗马生菜洗净，再用生抽、鱼露、美极鲜味汁、白糖、胡椒粉、清水调一个汁烧开，即为粤菜万用豉油汁。

12:00，门铃响了，而我都已准备完毕。两个炖菜已完成，煮鸡的砂锅放在火边保温，枣红色的鸡皮突起在一片油亮的花椒和辣椒之上，冒出丝丝白气，香味诱人！排骨收汁完成，肉色红亮，肉质肥厚至极。盖上盖保温。

给他们开了门，我又钻进厨房。

炒锅烧热放少许油，把卷好的肥牛卷放进去两面煎黄（非常好熟），取出备用。

石锅放火上烧，黄酒和生抽1:1调汁浇在虾背上，一个碗中放蒜末，浇少许热油，连油带蒜仔细浇在虾背上，盖盖子，待石锅烧热，发出嗞嗞声，约5分钟便可。

另一边，炒锅倒少许油，先炒香洋葱末和蒜末，再放黑胡椒碎炒香，放黄酒、热水，烧开后放生抽、老抽、蚝油，点一些番茄酱，放少许糖，将煎好的肥牛卷放进去，烧三四分钟。因为肥牛卷表面有淀粉，所以汤汁会比较浓稠，基本不用勾芡，直接装盘即可（可用西蓝花围边）。这时，旁边的虾也好了，一起上桌！

蒸锅烧上，在另一个灶上烧少许热水，把西芹段烫一下放盘中垫底，顺势把生菜扔进开水锅中烫软，捞出控水，打好花刀的鲍鱼放入蒸锅大火蒸3分钟左右。

蒸鲍鱼这3分钟能干什么呢？嗯，非常紧张。从冰箱里取出摆好盘的葱香鲫鱼和老醋三宝。当然，得把皮蛋切了，老醋汁浇上才算完成。再把香辣灯笼鸡和双福炖排骨端上。好了，6个菜都摆上了，这时鲍鱼也蒸好了。取出来，浇一些豉油汁，撒葱丝和红椒丝，浇热油走菜。将旁边灶头的生菜捞出，也浇一些豉油汁，放一些蒜末，浇一些热油，走菜！

△黑椒金针菇肥牛卷

△白灼罗马生菜

8个菜在3分钟之内上全，哥儿几个也没闲着，搬椅子，拿碗筷，倒酒，落座，聊天。

"你们先吃，我煮上鸭汤，5分钟就来！"我招呼着。炒锅早已烧热，倒少许油，剁好的鸭架应声下锅，腾起油烟一片。煎两分钟，下开水猛然一激，汤色已经翻白，一定要撇掉表面的油沫，不然会腻。放黄酒、盐、胡椒粉，盖锅盖中大火煮10分钟，最后放一些小白菜就齐了！

这做鸭汤的鸭架必须要猛火煎一下，再加开水大火猛煮，颜色才浓白，味道才厚重。汤煮上，我便擦擦额头上的油汗，拐进了客厅，大声吼道："给我来杯啤的。还有黄瓜蘸酱啊。"

一次家宴，八九个菜，看似不多，一人来做却很是忙乱。唯有认真思考，冷静对待，统筹安排，方能应对自如。既保证菜品的热度，又保证上菜的速度，才能让食者酣畅至极地品尝由您烹制的至醇至美之味。

卷尾语

　　冬季是阳气收敛、适合进补的时节，在饮食上就要更加精致而丰富。希望这本书能给您一些小小的指引，让您的三餐变得更丰盛，让您的口味变得更多元，让您的身体变得更健硕，为来年实现自己的雄心壮志做好准备。我们准备好了，您呢？